改訂 マルチメディア時代の 情報理論

工学博士 小川 英一 著

コロナ社

改訂版まえがき

　本書は2000年4月の初版発行以来20年近くが経過した。この間，十数校の大学や工業高等専門学校で教科書として採用いただき，20刷を数えることができた。初版のまえがきにも書いたが，本書が目標とした「情報理論の基礎からマルチメディアへの応用技術までをバランスよく解説する入門書」についてはある程度達成できたものと思っている。

　しかし，書名に付けた「マルチメディア」は20年間で大きく変遷した。今世紀に入って地上ディジタルテレビ放送が開始されたが，いまや衛星放送による4Kや8Kテレビも始まった。携帯電話は第3世代が始まってネットやスマートフォンの利用が進んだが，第5世代に入ろうとしている。また，インターネットの高速化や動画共有サービスにより高画質な映像を手軽に楽しめる。

　一方，初版で例として取り上げたアナログテレビやPHS，MD（ミニディスク）などは姿を消した。このような時期にコロナ社から改訂版を出してはどうか，との話をいただき，ちょうどいいタイミングと思いお引き受けした。

　改訂版にあたって，教科書採用担当の方からは9～10章のマルチメディア機器への応用技術の説明を充実するように要望を受けた。著者もその通りに感じていたので，改訂版ではつぎのように追加・充実を図った。

　情報理論の基本である1～6章，および伝送路符号化の8章は基礎事項であり内容的には変えていない。例にあげていた古くなった機器などを新しいものに直した程度である。

　7章では，7.2節でリード・ソロモン符号などの説明を充実するとともに，その光ディスクへの応用としてCDに加えて，改訂版ではDVDやBD（ブルーレイディスク）の独特の誤り訂正技術も加えた。さらに，7.4節として「新しい誤り訂正符号」を新設した。従来の代数学的理論による誤り訂正符号に対し

て，近年は反復復号法を用いたターボ符号やLDPC（低密度パリティ検査）符号が注目されている。より高性能な訂正能力をもつ新世代の誤り訂正符号として新しいシステムで採用されてきており，これらの概要を説明する。

9章では9.2節を新設して音声や映像の情報量の説明を加えた。特に，画像のカラーの表現と情報としての扱い方を詳しく述べた。また，9.5節を新設し，次世代のネットワークとその基礎となるインターネット技術，および電話音声も含めたオールパケット通信などについて簡単に説明した。

10章の圧縮符号化は10.1〜10.4節をそれぞれ，音声，オーディオ，静止画，映像に全面的に整理し直し，新しい方式や機器を取り上げて説明した。おもな新規事項は，携帯電話のCELP圧縮方式と音声のパケット構成，オーディオのMP3方式やロスレス圧縮，静止画のJPEG圧縮方式，映像の動き補償予測と世界標準のMPEG圧縮方式の技術進展について最新のHEVC（高効率映像符号化）方式までを詳しく説明した。

2018年12月に始まった衛星放送による世界初の8Kテレビの実用放送は，情報理論の応用技術でも画期的で，情報源符号化（データ圧縮）にはHEVC，通信路符号化（誤り訂正）にはLDPC符号という最新技術によって実用可能になった。これを機会に情報理論に興味を持っていただければ幸いである。

参考文献は巻末に記載した以外に，新しい方式や機器に関して多くのWebページを参考にさせていただきました。厚くお礼申し上げます。また，改訂版の執筆を勧めていただいたコロナ社に感謝いたします。

2018年12月

小　川　英　一

まえがき

　近年の携帯電話やパソコン，ディジタルオーディオ・ビジュアル機器など情報家電の進展はめざましく，マルチメディア時代の到来が実感される。ディジタル機器の普及には，もちろん半導体などのハードウェア技術の進展が大きいが，情報理論に基づくソフト的技術，いわゆるデータ圧縮や誤り訂正などの技術によって初めて実用化されたともいえる。

　符号化技術を扱う情報理論の研究開始から半世紀以上経ているが，当初は通信装置やネットワーク，コンピュータなどの高度な装置に適用され，一般の人々からは見えない存在であった。しかし，マルチメディア時代では，情報理論が非常に身近な存在になっている。すなわち，パソコンやインターネット，携帯電話やディジタル放送，CDやDVDなどのAV機器には符号化技術がふんだんに取り入れられている。

　オーディオや映像を記録あるいは伝送する場合，高能率符号化（データ圧縮）技術がなければ，数倍から数十倍のディスク容量あるいは高速な通信回線が必要になる。また，高信頼符号化（誤り訂正）技術がなければ，傷ができないようにディスクの製造工程や取扱いに格段の厳密さが要求され，高度な録音・再生機器，通信装置が必要になる。これらを家電製品として気楽に楽しめるのは，情報理論の技術成果のおかげである。

　今日ではだれもがディジタル機器・ネットワークの利便性を享受しているが，今後とも扱う情報量の急増と高機能化のため，これらの機器を理解するには情報理論の知識はますます不可欠になる。

　情報理論に関する著書は入門書から高度な専門書まで数多くあるが，著者が大学や工業高等専門学校で情報理論を講義して感じたことは，情報理論の成果・技術を身近なディジタル機器や通信技術と関連させて解説している著書が

少ないことである．これが本書を著したきっかけであり，情報理論の基礎から応用技術までバランスよく解説した入門書を目指したものである．

著者は無線通信システムの研究・実用化に携わってきたが，移動通信などの厳しい伝送路では高能率符号化や誤り訂正などが本質的な技術と感じてきた．専門外の者として，改めて情報理論の要点を理解し，あるいは新たな応用技術を理解する立場から情報理論を解説できればと考えて執筆した．

学生は携帯電話やインターネット，オーディオ機器を存分に利用し，ハードの規格には詳しく，身近なディジタル機器や通信技術の話には興味を示すが，案外そこに使われているソフト的な処理の知識が少ない．一方，情報理論や符号理論の面白さは数学的な美しさにあると思われるが，専門書で扱われる高度な確率論は敬遠するのが現実である．

そこで，本書では数学的な厳密さを問わず，基礎的な知識のみで情報理論のアウトラインを知ることができるように心がけた．また，随所に例や例題によってディジタル機器の具体的な応用技術と関連させて興味を持たせるように配慮した．本書が情報理論あるいはディジタル機器に興味を持つきっかけとなることを願う次第である．

本書の執筆にあたり，参考文献にあげている多くの優れた著書を参考にさせていただきました．ここに，これらの著者の方々に感謝申し上げるとともに，本書の不備な点などをご指摘・ご叱責いただければ幸いです．また，出版にあたってお世話いただいたコロナ社に感謝いたします．

2000年2月

小川 英一

目 次

1. 情報伝送の基礎知識

1.1 情報理論とその役割 ··· *1*
  1.1.1 情報理論とは ·· *1*
  1.1.2 身近になった情報理論 ································ *2*
1.2 情報通信のしくみ ··· *3*
  1.2.1 情報伝送の流れ ······································ *3*
  1.2.2 アナログ情報とディジタル情報 ························ *4*
1.3 2 元 符 号 ·· *6*
  1.3.1 ビ ッ ト ·· *6*
  1.3.2 記号の種類と符号の長さ ······························ *6*
  1.3.3 固定長符号と可変長符号 ······························ *7*
1.4 符号化の役割 ··· *8*
  1.4.1 情報源符号化 ·· *9*
  1.4.2 通信路符号化 ·· *9*
  1.4.3 伝送路符号化 ······································· *10*
  1.4.4 良い符号とは ······································· *10*
1.5 情報伝送の制限要因 ·· *11*
  1.5.1 符号誤りの原因 ····································· *11*
  1.5.2 情報の伝送速度 ····································· *12*
  1.5.3 周波数帯域幅 ······································· *12*
  1.5.4 通信路の容量 ······································· *13*
演 習 問 題 ·· *13*

2. 情報量の数量化

2.1 情報量と確率との対応 …………………………………… 15
　2.1.1 情報量の大きさ ………………………………………… 15
　2.1.2 情報量の加法性 ………………………………………… 17
2.2 自 己 情 報 量 …………………………………………… 18
2.3 平均情報量（エントロピー）…………………………… 21
　2.3.1 情報源のもつ情報量 …………………………………… 21
　2.3.2 完全事象と平均値 ……………………………………… 22
　2.3.3 エントロピー …………………………………………… 23
2.4 エントロピーの性質 …………………………………… 24
　2.4.1 エントロピー関数 ……………………………………… 24
　2.4.2 最大エントロピーと冗長度 …………………………… 26
　2.4.3 記号間の相関 …………………………………………… 27
演 習 問 題 …………………………………………………… 28

3. 情報源符号化

3.1 符号の条件と性質 ……………………………………… 29
　3.1.1 符号としての条件 ……………………………………… 30
　3.1.2 符 号 の 木 …………………………………………… 31
　3.1.3 クラフトの不等式 ……………………………………… 33
3.2 符 号 の 長 さ ………………………………………… 35
　3.2.1 平 均 符 号 長 ……………………………………… 35
　3.2.2 符号長の短縮限界 ……………………………………… 37
3.3 ハフマン符号化 ………………………………………… 39
　3.3.1 ハフマンの符号化法 …………………………………… 39
　3.3.2 拡 大 情 報 源 ……………………………………… 41
　3.3.3 ハフマンブロック符号化 ……………………………… 42
3.4 情報源符号化定理 ……………………………………… 45
演 習 問 題 …………………………………………………… 46

4. データの圧縮

4.1 可逆圧縮と非可逆圧縮 …………………………………………… 47
   4.1.1 可逆圧縮 ……………………………………………………… 48
   4.1.2 非可逆圧縮 …………………………………………………… 49
4.2 ファクスのデータ圧縮 ……………………………………………… 49
   4.2.1 ランレングス符号化 ………………………………………… 49
   4.2.2 MH 符号化 …………………………………………………… 50
4.3 テキストのデータ圧縮 ……………………………………………… 51
   4.3.1 スライド辞書法 ……………………………………………… 52
   4.3.2 動的辞書法 …………………………………………………… 53
演 習 問 題 …………………………………………………………………… 55

5. 通信路符号化

5.1 誤りの発生と制御 …………………………………………………… 56
   5.1.1 誤りの種類 …………………………………………………… 56
   5.1.2 誤り制御——ARQ と FEC ………………………………… 57
5.2 誤り検出・訂正の原理 ……………………………………………… 59
   5.2.1 符号語と非符号語 …………………………………………… 59
   5.2.2 冗長度と誤り検出・訂正能力 ……………………………… 60
   5.2.3 符号化の利得 ………………………………………………… 63
5.3 ハミング距離 ………………………………………………………… 64
   5.3.1 2元符号の演算 ……………………………………………… 64
   5.3.2 符号間のハミング距離 ……………………………………… 65
   5.3.3 符号誤りの表現 ……………………………………………… 66
   5.3.4 符号空間 ……………………………………………………… 67
5.4 誤り検出・訂正能力 ………………………………………………… 69
   5.4.1 符号空間と符号語の領域 …………………………………… 70
   5.4.2 誤りの検出 …………………………………………………… 70
   5.4.3 誤りの訂正 …………………………………………………… 71

viii　目　　　次

- 5.4.4　ハミング距離と誤り検出・訂正 …………………………… 72
- 5.5　伝送できる情報量 ……………………………………………… 73
  - 5.5.1　通信路の確率モデル ……………………………………… 73
  - 5.5.2　相互情報量 ……………………………………………… 77
  - 5.5.3　通信路容量 ……………………………………………… 81
- 5.6　通信路符号化定理 ……………………………………………… 82
  - 5.6.1　伝送速度と通信路容量 …………………………………… 82
  - 5.6.2　通信路符号化定理 ………………………………………… 83
- 演 習 問 題 …………………………………………………………… 84

6. 基礎的な誤り検出・訂正符号

- 6.1　パリティ検査符号 ……………………………………………… 85
  - 6.1.1　単一パリティ検査符号 …………………………………… 86
  - 6.1.2　水平・垂直パリティ検査符号 …………………………… 87
  - 6.1.3　誤り検出・訂正能力 ……………………………………… 88
- 6.2　ハミング符号 …………………………………………………… 90
  - 6.2.1　ハミング (7,4) 符号 ……………………………………… 90
  - 6.2.2　パリティ検査方程式 ……………………………………… 91
  - 6.2.3　シンドローム ……………………………………………… 93
  - 6.2.4　符号化・復号化の論理回路 ……………………………… 96
- 6.3　符 号 の 性 質 …………………………………………………… 98
  - 6.3.1　線 形 符 号 ……………………………………………… 98
  - 6.3.2　線形符号のハミング距離 ………………………………… 99
  - 6.3.3　巡 回 符 号 ……………………………………………… 100
- 6.4　行列による表現 ………………………………………………… 101
  - 6.4.1　符号ベクトル ……………………………………………… 101
  - 6.4.2　パリティ検査行列 ………………………………………… 101
  - 6.4.3　シンドロームの計算 ……………………………………… 103
- 演 習 問 題 …………………………………………………………… 103

7. 実用的な誤り検出・訂正符号

- 7.1 巡回検査（CRC）符号 …………………………… 105
  - 7.1.1 巡回符号と符号多項式 …………………………… 106
  - 7.1.2 CRC符号の計算手順 …………………………… 108
  - 7.1.3 CRC符号の誤り検出 …………………………… 111
  - 7.1.4 符号化・復号化の論理回路 …………………………… 114
- 7.2 誤り訂正符号 …………………………… 116
  - 7.2.1 BCH符号, RS符号 …………………………… 116
  - 7.2.2 組合せ符号 …………………………… 119
  - 7.2.3 インタリーブ …………………………… 120
  - 7.2.4 光ディスクの誤り訂正 …………………………… 121
- 7.3 畳込み符号 …………………………… 126
  - 7.3.1 畳込み符号化 …………………………… 126
  - 7.3.2 ビタビ復号 …………………………… 131
- 7.4 新しい誤り訂正符号 …………………………… 133
  - 7.4.1 ターボ符号 …………………………… 134
  - 7.4.2 LDPC符号 …………………………… 136
  - 7.4.3 ハイブリッドARQ …………………………… 140
  - 7.4.4 放送や無線通信の誤り訂正 …………………………… 141
- 演習問題 …………………………… 144

8. 伝送路符号化

- 8.1 伝送路符号 …………………………… 145
  - 8.1.1 波形の制限要因 …………………………… 146
  - 8.1.2 ベースバンド信号波形 …………………………… 146
  - 8.1.3 ディジタル記録用信号 …………………………… 148
- 8.2 変調方式 …………………………… 149
  - 8.2.1 ディジタル変調 …………………………… 150
  - 8.2.2 多値変調と伝送速度 …………………………… 151
  - 8.2.3 信号空間 …………………………… 153

8.3 変調方式と誤り……………………………………………… 155
　8.3.1 雑音と誤り率…………………………………………… 155
　8.3.2 符号化変調……………………………………………… 157
演習問題 ……………………………………………………………… 159

9. アナログ信号の情報量

9.1 アナログ信号のディジタル化……………………………… 160
　9.1.1 標　本　化……………………………………………… 161
　9.1.2 量子化（PCM 化）……………………………………… 165
9.2 音声・映像の情報量………………………………………… 166
　9.2.1 音声・オーディオの情報量…………………………… 167
　9.2.2 色の表現と情報量……………………………………… 168
　9.2.3 画像・映像の情報量…………………………………… 170
9.3 伝送速度と周波数帯域幅…………………………………… 172
　9.3.1 伝　送　速　度………………………………………… 172
　9.3.2 周波数帯域幅…………………………………………… 173
9.4 通信路容量定理……………………………………………… 174
　9.4.1 伝送速度の上限………………………………………… 174
　9.4.2 符号化定理との関係…………………………………… 176
9.5 これからのネットワーク…………………………………… 177
　9.5.1 電話もパケット通信で………………………………… 177
　9.5.2 次世代ネットワーク…………………………………… 179
演習問題 ……………………………………………………………… 181

10. 音声・映像の圧縮

10.1 電話音声の圧縮符号化…………………………………… 183
　10.1.1 波形符号化……………………………………………… 184
　10.1.2 携帯電話のハイブリッド符号化……………………… 185
　10.1.3 電話音声のパケット化（VoIP）……………………… 187

10.2　オーディオの圧縮符号化 ································· 189
　　10.2.1　人の聴覚特性の利用 ································· 189
　　10.2.2　MP3 などのオーディオ符号化 ··················· 190
　　10.2.3　ロスレス符号化 ····································· 191
10.3　静止画の圧縮符号化 ······································· 192
　　10.3.1　JPEG による圧縮の概要 ·························· 192
　　10.3.2　離散コサイン変換 ·································· 193
　　10.3.3　量　子　化 ··· 195
　　10.3.4　エントロピー符号化 ······························· 196
　　10.3.5　その他の圧縮方式 ·································· 197
10.4　映像の圧縮符号化 ··· 198
　　10.4.1　MPEG による圧縮の概要 ························· 198
　　10.4.2　動き補償予測 ·· 199
　　10.4.3　符号化回路の構成 ·································· 201
　　10.4.4　フレーム系列 ·· 202
　　10.4.5　映像符号化の進展 ·································· 203
演　習　問　題 ··· 205

付　　録

付録 1　情報交換用 8 ビット符号（JIS 標準符号）············ 206
付録 2　モールス符号 ·· 207
付録 3　符号長短縮限界の証明 ···································· 207
付録 4　ファクスで使われる MH 符号 ·························· 210

参考文献 ·· 212
演習問題解答 ·· 214
索　　引 ·· 221

1 情報伝送の基礎知識

　情報を伝送，あるいは蓄積・記録する場合には，いかに効率良く，かつ信頼性高く行うかが重要な課題である．また，効率や信頼性を評価するには情報を数値化する必要がある．このような問題を扱うのが情報理論である．
　まず本章では，情報理論を学ぶ前に必要な基礎知識や用語を説明する．情報理論は通信と結びつきが深いため，関連する通信系も含めた概要を説明し，情報理論の全体像を把握する．

1.1　情報理論とその役割

1.1.1　情報理論とは
　情報理論の始まりは，当時のベル電話研究所（米国）の**シャノン**（C. E. Shannon）が，1948年にその機関誌に発表した「通信の数学的理論」と題する論文である．これは情報理論の体系の始まりと同時に，すでに情報理論の問題全体を扱った歴史的論文で，題目からわかるように通信工学の問題と密接に関連している．
　一般に，情報通信では通信文を 0, 1 の 2 値符号に変換して伝送する．情報理論の中心課題は，能率良く，かつ信頼性高く情報を伝えるための符号を見いだすことであり，おもにつぎの項目を扱う．

・**情報量の定量化**：情報を理論的，定量的に扱えるように情報量を定義し数値化する．

・**符号の高能率化（情報源符号化）**：情報量を失わずにデータ全体の長さを

短くする符号化の方法である．データ圧縮とも呼ばれ，情報に含まれる冗長性をできるだけ削除する．

・**符号の高信頼化**（**通信路符号化**）：途中の雑音によって生じる符号の誤りに対処できる符号化の方法である．情報に冗長を付加して，受信側で誤り検出や誤り訂正を可能にする．

高能率符号化および高信頼符号化ともに，その理論的な限界を与える定理が，すでにシャノンの論文で明らかにされている．しかし，符号化の具体的な実現方法は必ずしも明らかでなく，特に，誤りを検出・訂正できる符号は，符号理論という大きな分野として，現在も理論限界に向けた研究が精力的に続けられている．

通信の場合は有線や無線の伝送路を対象とするが，記録・蓄積の場合はメモリや CD（コンパクトディスク），DVD，BD（ブルーレイディスク）などの装置・媒体が対象となるが，通信と同様に扱うことができる．

1.1.2　身近になった情報理論

情報理論の研究開始当初は，通信装置や伝送路の性能が低かったため，これを克服する理論，技術が非常に重要であった．現在は，装置の性能は大幅に向上したが，伝送・処理すべき情報量がそれを上回る速度で飛躍的に多くなっているため，情報理論の課題である高能率・高信頼符号化法の重要性がさらに増している．

以前は，ネットワークやコンピュータなどの処理装置は一般の人々からは見えない存在であり，情報理論もこのような領域に適用されてきた．現在のマルチメディア時代では，家庭にディジタル機器が普及し，情報理論が非常に身近な存在になっている．パソコンやインターネット，携帯電話やディジタル放送，CD や DVD などの AV（audio visual）機器には，符号化技術がふんだんに取り入れられている．

例えば，地上ディジタルテレビ放送は，以前のアナログテレビよりはるかに高品質で情報量は大幅に増加しているが，アナログテレビと同じ周波数帯域幅

で放送できるのは高能率符号化（データ圧縮）技術のおかげである。また，少々の雑音や受信状態の劣化があっても高品質を確保できるのは高信頼符号化（誤り訂正）技術のおかげである。

　データ圧縮や誤り訂正などの情報理論に基づいた技術開発の成果によってディジタル家電製品の利便性を享受できるようになった。これらの機器を理解するには情報理論の知識は不可欠であり，今後ますます重要になる。

1.2　情報通信のしくみ

1.2.1　情報伝送の流れ

　情報（information）とは，受け手に新知識を与えるものである。情報理論における情報の定量化・数値化は2章で述べ，ここでは**図1.1**の情報通信系のモデルで情報伝送の流れを説明する。

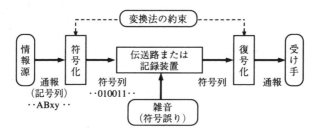

図1.1　情報通信系のモデル

- **情報源**（information source）：情報の発生源で，人間やパソコンなどが相当する。アナログやディジタルの情報源があるが，まず簡単なディジタルの情報源を扱う。
- **通報**（メッセージ，message）：情報源から出てくる伝えたい情報で，普通に使う文字や数字，記号の系列で構成される。通常は人にとって意味のある文章やデータ列である。
- **記号**（シンボル，symbol），または**情報源アルファベット**：通報を構成する個々の文字や数字，記号で，有限個の種類をもつ。例えば，「This is a

pen」のような英文通報の場合，記号は英文アルファベットそのもので，スペースも含めて 27 種類の記号を使う。

- **符号化**（coding, encoding）：伝送路に通すため，記号をそれに対応する 0，1 の並びである**符号**（コード，code）に変換する。記号－符号の変換は 1 対 1 に対応する。
- **伝送路**（transmission line）：符号化された 0，1 からなる符号を電気信号として伝える。情報を記録・蓄積する場合，送信と受信の間は記録装置や記録媒体であるが，これも通信と同じに扱える。
- **雑音**（noise）：符号の誤りを生じる原因を広い意味で雑音と呼ぶ。伝送路に雑音が加わると，符号の 0 と 1 が反転することがあり誤って受信される。
- **復号化**（decoding）：受信した符号を記号に戻す操作で，送信と受信の両者であらかじめ決められた変換法を用いて復号する。

符号と符号化は情報理論の中心課題であり，1.3 節でその概要を述べる。

1.2.2 アナログ情報とディジタル情報

情報源や伝送形式は，音声や映像などのアナログ情報と，テキストやデータなどのディジタル情報に大別される。それらの概念を**図 1.2** に，その比較を**表 1.1** に示す。

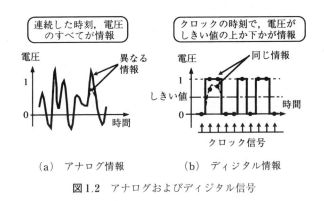

(a) アナログ情報　　(b) ディジタル情報

図 1.2　アナログおよびディジタル信号

表1.1　アナログとディジタルの比較（○：利点，×：欠点）

	アナログ	ディジタル
情報の内容	波形そのもの （忠実な伝送が必要）	0か1かの判別 （区別できればよい）
クロック（同期信号）	○不要	×必要
雑音への耐性	×弱い	○強い
中継時の雑音	×相加する	○相加しない（再生可）
所要周波数帯域幅	○狭くてよい	△広い帯域が必要 （信号処理で削減可）
信号処理	×困難（A-D変換必要）	○容易

　ディジタル情報では，信号点を判別するタイミングを決める**同期信号（クロック）**が必須である。受信側でクロックがずれたり消失すると復号が不可能になる。情報信号にクロック信号を組み入れて伝送するため，信号波形や記録波形には工夫が必要である。

　よく知られているように，ディジタル技術の進展により現在ではディジタルがすべての面で有利になっており，本来アナログ情報である電話もネットワークではディジタル化されて伝送する。

　アナログ情報でも図1.3に示すように，情報源でアナログ-ディジタル変換（A-D変換，analog to digital conversion）によりディジタル情報となる。現在，映像は元からディジタルの場合が多い。本書では，まず，扱いが簡単で基本的なディジタル情報を考え，アナログ情報に関しては9章以下で扱う。

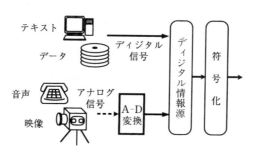

図1.3　アナログおよびディジタル情報源

1.3 2元符号

伝送に用いる符号は，要素（元）が1と0の2種類（2値）である**2元符号**（binary code）とし，以下では符号といえば2元符号とする。2元符号は，Yes/No，1/0ボルトなどに対応し，状態を最低限区別できる基本となる単位である。通報を構成する一つの記号を0と1を複数個組み合わせた一つの符号に変換する。実際上ほとんどが2元符号であり，2進数を用いるコンピュータでの信号処理にも都合が良い。

1.3.1 ビット

情報の量を表す単位として**ビット**（**bit**，binary digit）が使われる。ビットにはつぎの二つの意味がある。

・2元符号の長さ（けた数）の単位
・情報理論で扱う情報量の単位

2元符号の1けたを表すビットはなじみ深く，記憶容量を表す単位として用いられている。これはけた数を示すビットで，メモリなど，情報の入れ物としての物理的大きさ（容量）を表す。

一方，情報理論では情報量の単位としてビットを用いる。その意味は2章で述べるが，入れ物がもつ実質的な価値としての情報の量を数値的に表したものである。けた数のビットとの違いに注意が必要である。

例えば，2元符号が100けた入るメモリの容量は，記憶の内容によらずつねに100ビットである。しかし，クリア直後のように全けたが0になって，内容が明らかで情報の価値がなくなれば，情報理論での情報量は0ビットになる。メモリのビット値は，収容できる情報量の最大値に等しい。

1.3.2 記号の種類と符号の長さ

2元符号のけた数がnビットで表せる記号は2^n種類ある。1ビットではA

とBなど2種類の記号しか表せない。英数字約40文字の記号を2元符号に割り当てるには5ビット（$2^5=32$種類）では不足し，6ビット（$2^6=64$種類）必要になる。7ビットでは大小の英字のほか，制御用の記号も表現できる。

1 000倍ごとの単位として，k（キロ＝10^3），M（メガ＝10^6），G（ギガ＝10^9）を使うが，情報量の2進法では$2^{10}=1\,024$の区切りを用いる。したがって，1 kbit＝1 024 bitで換算するが，おおよその計算では1 kbit＝1 000 bitとすることも多い。

けた数nは2の冪数（べきすう）が処理しやすく，計算機などでは$n=8$が一般的で8ビットを一組にして**バイト**（byte, B）の単位が使われる。1バイトで$2^8=256$種類の記号を表せる。日本語の場合，カナを含めても1バイトあれば十分だが，漢字を含めるとまだ不足する。漢字コードは2バイト（16ビット）で$2^{16}=65\,536$種類の記号（漢字）を表す。

1.3.3　固定長符号と可変長符号

符号には，すべての符号の長さ（けた数のビット）が同じである**固定長符号**（fixed length code, **等長符号**ともいう）と，記号によって符号の長さが異なる**可変長符号**（variable length code, **非等長符号**ともいう）の2種類がある。

・**固定長符号**：全符号の長さが同じなので，処理しやすいために通常使われる。しかし，文章でめったに出ない漢字でも，多用するひらがなと同じ長さの符号が割り当てられる。符号長が記号の発生頻度に無関係であるため，記号と符号とを一対一に対応させる単純な符号化の方法では高能率化（短縮化）はできない。

［**例1.1**］　JISの情報交換用8ビットコードやASCII（アスキー，American Standard Code for Information Interchange）7ビット符号を巻末の付録1に示す。　　　　　　　　　　　　　　　　　　　　　　　　　　　　　　　　　　　　　　　⏌

・**可変長符号**：発生頻度の高い記号に短い符号，低い記号に長い符号を割り当てて，符号列全体の長さを短縮する。伝送や記録で伝送時間やメモリ量を節約できる。情報伝送の高能率化は必然的に可変長符号となる。

[例1.2] モールス符号は付録2に示すように,文字を・(トン)と-(ツー)の組合せで表す。英文で発生頻度が高いEやTは短い符号,頻度が低いQやZは長い符号を割り当てて伝送時間を短縮している。」

固定長符号と可変長符号の特徴を比較して**表1.2**に示す。符号の短縮化には記号の発生頻度(事前の発生確率)を知る必要がある。

表1.2 固定長と可変長符号との比較(○:利点,×:欠点)

	固定長符号 (等長符号)	可変長符号 (非等長符号)
符号の長さ	すべて同じ	符号により変化
符号の区切り	○区切り位置が明確	×不明確
区切り符号	○不要	×必要
まとめた扱い	○容易	×困難
高能率符号化	×単純には不可	○可能 (記号の発生確率を考慮)

1.4 符号化の役割

高能率化や高信頼化を目的とする符号化は情報理論の主題である。**図1.4**は,図1.1の符号化部分をより詳しく示した通信系のモデルである。符号化の機能には,情報源符号化,通信路符号化,伝送路符号化がある。受信側では送信側の符号化と逆の手順で復号化する。

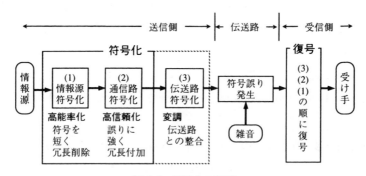

図1.4 符号化の役割

1.4.1 情報源符号化

情報源符号化（source coding）は，応用技術の分野では**高能率符号化**や**データ圧縮**とも呼ばれる。情報源に含まれる冗長性（無駄な情報）を削除して通報全体が短くなる符号に変換し，通信時間の短縮，記録容量を節約する。

情報理論では，通報に含まれる記号の発生頻度を調べ，発生確率の高い記号に短い符号を割り当てる可変長符号を用いることが符号化の基本となる。これにより，情報量を失うことなく情報の圧縮，高能率化を行う。情報源符号化の方法は3～4章で述べる。

［例1.3］ 付録2のモールス符号では，英文のアルファベットの発生確率に応じて符号化されており，高能率化が図られている。 」

［例1.4］ ファクスでは紙面を多くの画素に分解し，白黒のドット列として送信する。余白などの白地が多いことなどの確率的性質を用いて高能率化のため符号が工夫されている。 」

アナログ情報源のデータ圧縮，高能率符号化では，音声や映像の品質が損なわれない程度に情報そのものを削減する。情報は一部失われるが，限られた伝送速度で実時間で伝送できることを優先する。ディジタル携帯電話の音声やディジタルテレビの画像圧縮などに用いられる（10章参照）。

1.4.2 通信路符号化

通信路符号化（channel coding）は，応用技術の分野では**高信頼符号化**や**誤り検出・訂正符号化**とも呼ばれる。雑音のために送信符号が誤って（$1 \to 0$，または $0 \to 1$）受信される可能性がある。受信側で誤りを検出可能にするためには，誤った符号が他の符号と一致せず区別できる必要がある。

誤り検出のため，それ自身は情報をもたない余分な（冗長な）符号を加えておく。誤り訂正のためには，さらに余分な符号（大きな冗長）を加え，誤り個所を判定できる必要がある。通信路符号化については5～7章で学ぶ。

［例1.5］ 電話で電報文を送る場合，聞き間違いをなくすために，「ア」や「イ」を「朝日のア」，「いろはのイ」などと伝える。この場合，「朝日の」や

「いろはの」が冗長である。　　　　　　　　　　　　　　　　　　　　　　　　」

　[**例 1.6**]　データを 3 回繰り返して送信し，受信側でそれらを比較する。そのうち少なくとも二つが一致すればそれが正しいデータとする。一つのデータに誤りがあっても訂正できる。冗長が増えるが信頼性は上がる。　　　　　」

1.4.3　伝送路符号化

　伝送路（ペア線，同軸ケーブル，光ファイバ，電波など）や，記録媒体（メモリ，CD，DVD など）に情報を乗せるため，0，1 の符号を伝送路に適した電気信号に変換することを**伝送路符号化**（transmission coding）という。

　この部分は純粋な情報理論よりも通信理論の分野である。通信工学では，この符号化の操作を**変調**（modulation），符号に戻す操作を**復調**（demodulation）と呼ぶ。両機能をもつ装置が**変復調器**または**モデム**（modem）である。

　[**例 1.7**]　家庭用モデムは，パソコンのディジタル信号をアナログ電話回線で伝送できるように電気的に信号を変換する。電話回線は直流分や約 4 kHz 以上の周波数成分を通さないため，これに適合する電気信号に変換する。　　　」

　[**例 1.8**]　無線で伝送する場合，電気信号を電波として送信できるように，さらに高い周波数の信号に変換する（電波は周波数が低いとエネルギーが小さく，遠くまで届かない）。　　　　　　　　　　　　　　　　　　　　　　　」

1.4.4　良い符号とは

　良い符号とは，できるだけ短い符号長で高い信頼性が得られるものである。情報源符号化では能率を上げるため，できるだけ符号を短くする。一方，通信路符号化では信頼性を上げるためには符号が長くなってしまう。

　この関係を**図 1.5** に示すが，符号の長さに関しては，高能率化と高信頼化は相反するものである。最適な符号長は，それぞれの方式で用いる伝送路や記録装置の誤りの程度などを考慮して決定する必要がある。

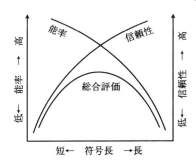

図 1.5 符号長と能率・信頼性

1.5 情報伝送の制限要因

情報の量だけでなく情報を伝送する速度が重要であり，通信工学の観点からは伝送速度の要因が厳しい。これを妨げる物理的な要因を説明する。

1.5.1 符号誤りの原因

受信側では，同期信号で決められる各時刻において，受信信号レベルがある一定値（**しきい値，スレッショルド**）より高いか低いかで符号の 0，1 を判定する。雑音によって信号がしきい値をまたがると符号誤りになる。その原因を一般的に雑音というが，これにはつぎの種類がある。

- ・熱雑音：本質的に存在するもので，しきい値を超える雑音電圧が加われば，符号誤りが生じる。雑音電力に対して信号電力を大きくしていけば，符号誤りを減少できる。
- ・波形のひずみ：伝送路で不要な反射がある場合に生じる。遅れて到達するパルス信号が尾を引いて後のパルス信号に重なり，波形をひずめることにより誤りとなる。波形ひずみでは，信号電力を大きくしても，遅延信号の電力も比例して大きくなり，符号誤りを改善できない。
- ・同期外れ：1，0 を判定する基準時刻を与える同期（クロック）信号が，なんらかの原因でなくなる（同期外れ）と受信側で信号を正しく判定できず，誤りが発生する。同期を回復するまで連続して誤りが生じるため，

ディジタル通信では同期の確保が重要である。

・記録媒体の傷：CD（コンパクトディスク）や DVD などでは，表面に傷があると正しく読み取れずに誤りを生じる。

符号誤りの程度は，送信した全ビット数のうち誤って受信されたビット数の割合である**ビット誤り率**（**BER**，bit error rate，バー）で表す。BER は非常に長いビット系列での平均値で，その時々によって値が変動する。

［**例 1.9**］ 誤り率の大まかな目安は，通常の通信回線で $BER = 10^{-5}$ 程度，すなわち，10 万ビットのうち 1 ビット誤る程度である。　　　　　　　　┘

［**例 1.10**］ 光ファイバ自体では誤りが小さく，通常 $BER = 10^{-9}$（10 億ビットのうち 1 ビットの誤り）以下である。携帯電話では無線伝送路での劣化が大きく $BER = 10^{-2}$ 程度の誤りが発生することもある。　　　　　　　　┘

1.5.2 情報の伝送速度

1 秒間に送れるビット数を**伝送速度**と呼ぶ。単位はビット／秒であり，b/s（ビット・パー・セカンド）または **bps**（ビーピーエス）と表され，0，1 のパルスを 1 秒間に何個送れるかを表す。大きい伝送速度は，高速あるいは大容量伝送という。

電気信号が物理的に伝わる速さはほぼ光速度であり，伝送の速度は信号の速さを表すものではなく，1 秒間に送ることができる情報の量である。流体では速さが同じであれば流量はパイプの断面積に比例する。このイメージから，高速・大容量な伝送路は太い伝送路，低速・小容量な伝送路は細い伝送路などとも呼ばれる。

［**例 1.11**］ サービス総合ディジタル網（ISDN）では電話 1 チャネルの 64 kbps が基本である。構内の LAN（local area network）では 1 Gbps 程度が一般的で，電話回線の約 1 万 5 千倍の速度，あるいは太さである。　　　　　　┘

1.5.3 周波数帯域幅

情報を伝送するには，ある幅の周波数帯域を必要とする。単一周波数の正弦

波の周波数帯域幅は0である。この波形は完全に予測できるため，それに含まれる情報量は0である。一方，情報を乗せた波形は，なんらかの時間変化があるため，その信号の周波数は必ずある幅をもつ。

信号波形とその周波数スペクトル（周波数成分の強度分布）は，フーリエ変換の関係で1対1に対応している。高速伝送では1秒間に送るパルス数が多く，信号波形をオシロスコープで見ると時間変化が激しい。これのフーリエ変換に対応するスペクトラムアナライザで見れば，高い周波数成分まで広がり，広い帯域幅をもつことが観測できる。

このように，高速伝送には広い周波数帯域が必要になる。使用できる帯域幅と可能な伝送速度とは比例関係にある。実際の通信では，伝送速度が周波数帯域幅で制限されることが多い。

1.5.4 通信路の容量

1秒間に伝送できる最大の情報量，すなわち伝送速度の最大値を，その伝送路の**通信路容量**（channel capacity）といい，単位は伝送速度と同じくbpsで表す。上記のように，伝送速度は，伝送路の雑音や周波数帯域幅によって物理的に制限される。具体的，定量的には9章で述べるが，雑音が小さく，周波数帯域幅が広いほど通信路容量は大きくなることは容易に理解できる。

5章で述べるように，通信路容量より低い伝送速度であれば誤りをいくらでも小さくできる符号化が存在することがシャノンにより証明されている。通信路容量の限界に近づける具体的な符号化の方法を見いだすことが情報理論の大きな課題である。

演 習 問 題

1.1 つぎの用語群を，情報源符号化，通信路符号化，伝送路符号化に関係が深いものに分類せよ。
用語群：雑音，冗長削除，冗長付加，モデム，データ圧縮，可変長符号，誤り

1. 情報伝送の基礎知識

　　　検出・訂正，変調，高信頼化，高能率化，伝送路との整合
1.2　固定長符号と可変長符号の例をあげ，特徴を比較せよ。
1.3　単位のビットが表す二つの意味をあげよ。
1.4　情報交換用8ビット符号（付録1）とモールス符号（付録2）を情報源符号化の観点から比較せよ。和文のモールス符号はどうか。
1.5　誤りの原因となる伝送路の雑音で，送信電力（信号電力）を上げて改善できる雑音と改善できない雑音をあげよ。
1.6　太い伝送路，細い伝送路の意味を述べよ。

2 情報量の数量化

　本章では情報や情報量を明確に定義して数量化する。これにより客観的，定量的に情報を扱うことが可能になる。情報量はわれわれのもつ感覚と一致するように定義するが，情報量は情報を得る前の事前確率の対数で与えられることが導かれる。情報源がもつ平均の情報量であるエントロピーなど，情報理論で重要な概念を学ぶ。

2.1 情報量と確率との対応

2.1.1 情報量の大きさ

　これまでは情報について漠然と議論したが，理論的・客観的に扱うために情報量を定量化する。その定義は，いわゆる情報量という感覚的な概念に合うことが必要である。

　情報量は，通報を受けたときに得られる新知識の増加と考えられるが，その大小はどのように評価すればよいだろうか。直観的には，通報内容に意外性が大きいほど情報量が大きいと考えるのが妥当である。

　[**例 2.1**]　つぎの(1)〜(3)の事柄に関して，それぞれ(イ)と(ロ)の通報を受けた場合，いずれも(イ)よりも(ロ)のほうが情報量が大きいと考える。
　（1）　宝くじで，（イ）はずれた。　（ロ）1 等が当たった。
　（2）　砂漠の町の天気予報で，（イ）明日は晴れ。　（ロ）明日は雨。
　（3）　合格率 90 % の A 君が試験に，（イ）合格した。　（ロ）落ちた。　」
　ニュースでは意外性の大きい事柄が報道されるが，内容によっては人それぞ

れの関心の度合いが異なるため,主観性が入り,必ずしも大きなニュースの情報量が大きいとはいえない。

客観的に情報量を議論するには,通報の事柄が,それを受信する前(事前)に予想される程度が数値的,すなわち,確率で評価できる必要がある。

[例 2.2] サイコロを振った結果でつぎの通報を受けた場合,それぞれの情報量の大小を比較してみよう。

(イ)　1から6のうちいずれかの目が出た。

(ロ)　奇数の目が出た。

(ハ)　4以上の目が出た。

(ニ)　5の目が出た。

(イ)は当然予測できる結果(確率が1)で得られる情報量は0。(ロ)と(ハ)は予測できる程度が同じ(共に確率が1/2)で得られる情報量も同じ。(ニ)の情報量が最大(確率が1/6)。　　　　　　　　　　　　　　　　　　」

例からわかるように,情報量は,ある事柄に関して事前にもっている確率に関係し,**事前の確率が小さいほど,それが生じた場合の情報量が大きい**。

確率 p は $0 \leq p \leq 1$ の範囲をとる値であり,情報量 I が p の関数であることを $I(p)$ で示すと,$I(p)$ はつぎの性質を満たす必要がある。

・事前確率が大きくなるほど,情報量は小さくなる。

　　$I(p)$ は p に関して単調減少な関数　　　　　　　　　　　　　(2.1)

・確率が1である(必ず起こる)場合,その事柄が起こったことの通報を受けても,得られる情報は0である。

　　$I(1) = 0$　　　　　　　　　　　　　　　　　　　　　　　　(2.2)

・一方,確率 p が 0 に近ければ(ほとんど起こらない場合),その事柄が実際に起こった場合は非常に大きな情報量が得られる。

　　$I(0) = \infty$　　　　　　　　　　　　　　　　　　　　　　　(2.3)

$I(p)$ に関する大まかな傾向はわかったが,$I(p)$ の実際の関数形はどのように決めればよいだろうか。実際,式 (2.1)〜(2.3) の条件を満たす関数は無数にある。関数形を決めるには,次項の情報量の加法性を考える。

2.1.2 情報量の加法性

確率論では,ある注目する事柄を**事象**(event)と呼ぶ。二つの事象があり,その発生が互いに影響し合わない場合には,それらの事象を互いに独立という。**独立事象**であれば,それぞれの生起確率は互いに関係せず別々に与えられる。また,二つの独立事象が同時に生起する確率(結合確率)は,おのおのの確率の積で与えられる。

すなわち,事象 A の生起確率を p_A,事象 B の生起確率を p_B とすれば,A と B が同時に起こる結合確率 $p_{A\cdot B}$ は次式で与えられる。

$$p_{A\cdot B} = p_A \times p_B \tag{2.4}$$

確率の関数である情報量は,以下の[例 2.3],[例 2.4]で示すように,「二つの独立した事象から得られる情報量は,おのおのから単独に得られる情報量の和になる」と考えられる。これを**情報量の加法性**と呼ぶ。

情報量の加法性から,確率 p_A の事象 A から得られる情報量を $I_A(p_A)$,それと独立な確率 p_B の事象 B から得られる情報量を $I_B(p_B)$ とすれば,両方を知ったときに得られる情報量 $I_{A+B}(p_{A\cdot B})$ は次式で与えられる。

$$I_{A+B}(p_{A\cdot B}) = I_{A+B}(p_A \times p_B) = I_A(p_A) + I_B(p_B) \tag{2.5}$$

[**例 2.3**] 情報量の加法性を,表 2.1 に示す 3 種類のメモリに記録できる情報量で考える。例えば,4 ビットのメモリには 2 元符号で $2^4 = 16$ 通りの状態(情報)を記録できる。各状態が等しい確率とすれば,一つの状態は 1/16 の確率である。同様に,6 ビット,10 ビットのメモリは,それぞれ,$2^6 = 64$ 通り,$2^{10} = 1\,024$ 通りの情報を記録できる。

10 ビットメモリが記憶できる 1 024 種類の状態は,4 ビットメモリの 16 状

表 2.1 メモリの状態数と情報量

メモリ	状態数	確率*	情報量
4 ビット	$2^4 = 16$	1/16	4
6 ビット	$2^6 = 64$	1/64	6
10 ビット	$2^{10} = 1\,024$	1/1 024	10

* 各状態が等確率の場合

態と6ビットメモリの64状態の積になる。しかし，10ビットメモリの情報量は，4ビットと6ビットメモリの和の10ビットと考えるのが，われわれの情報量の感覚に合う。情報量の和はそれぞれの状態数の指数の和になっている。
 」

［**例 2.4**］ 英文字 26 字（記号）で書かれた英語の文書の情報量を考えてみる。1 ページに 1 000 文字あるとすれば，1 ページ中に英文字の並べ方は $26^{1\,000}$ 通りあり，この数だけの種類の通報を表せる。2 ページでは $26^{2\,000}$ 通りになり，1 ページ文書の $26^{1\,000}$ 倍（1 400 けた倍以上）という膨大な情報をもたせられる。

しかし，2 ページ文書のもつ情報量は，1 ページ文書に比べて $26^{1\,000}$ 倍ではなく，単に 2 倍の情報量であると考えるのが妥当である。この場合も，情報量の和はそれぞれの状態数の指数部の和になっている。 」

2.2 自 己 情 報 量

2.1 節の例からわかるように，情報量は取りうる状態の数そのものよりも，状態数の指数部，すなわち状態数の対数で表現するのが妥当である。数学的にも式 (2.4)，(2.5) のように，2 個の独立変数（確率）の積が従属変数（情報量）の和になるような関数は，対数関数になることが示される。

したがって，事前確率 p の事象の情報量 $I(p)$ を対数関数でつぎのように表す。$1/p$ は，等確率で起こる状態数に相当する。

$$I(p) = a \log_b \left(\frac{1}{p}\right) = -a \log_b p \tag{2.6}$$

係数 a および対数の底 b はつぎのように決める。
- 底 b は最も基本となる 2 元（事象が 1 か 0，Yes か No などの 2 値）の場合を単位とするように $b=2$ とする。
- 係数 a は，次節で述べる平均情報量（エントロピー）が最大値 1 となるように $a=1$ とする。これにより，メモリなどの情報の入れ物の大きさ（2

2.2 自己情報量

元符号のけた数) と整合した値になる。

a, b をこのように定めて情報量を次式で定義する。これはシャノンによるもので，この**情報量の単位をビット（bit）**という。

$$I(p) = \log_2\left(\frac{1}{p}\right) = -\log_2 p \ \text{[bit]} \tag{2.7}$$

$0 \leq p \leq 1$ であるから $0 \leq I(p) < \infty$ である。ここで定義した情報量を**自己情報量**（self-information）と呼び，次節で述べる平均情報量（エントロピー）や，5.5.2項で述べる相互情報量と区別する。自己情報量は，予想される結果が複数個あり，そのうちの一つの結果が起こった場合に得られる情報量で，どの事象が起こるかで情報量の値が異なる。

確率 p と自己情報量 $I(p)$ との関係を**図 2.1** に示す。$p = 1 = 1/2^0$ のとき，$I(1) = -\log_2 1 = 0$ ビットである。n が正整数で，確率が $p = 1/2^n$ のとき，情報量 $I(p) = -\log_2(1/2^n) = \log_2 2^n = n$ ビットは整数値になる。

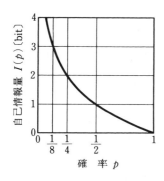

図 2.1 自己情報量 I と確率 p との関係

式 (2.7) はつぎのようにも書ける。

$$I(p) = -\log_2 p = \log_2\left(\frac{1}{p}\right) = \log_2\left[\frac{事後確率}{事前確率}\right] \tag{2.8}$$

結果を知る前の事前確率が p であったものが，結果を知ることにより事後確率が 1 に増加する。一般に情報量は，事前確率に対する事後確率の比の対数で定義されると解釈できる。

ここでは情報源のみ，あるいは誤りのない通信路を考えているので，受け取った情報がそのまま正しく事後確率が1になっている。しかし，5章で扱うような誤りのある通信路を通して受信すると，受信情報がそのまま送信したものと一致するとは限らず，事後確率は1よりも小さな値になる。このような場合も，式 (2.8) の情報量の定義は有効である。

[数値計算での注意]

電卓などで情報量を計算する場合，底が2の対数は直接求められないので，対数の底の変換公式により底が10の常用対数に直して計算する。すなわち，確率の常用対数を -3.322 倍する。

$$I(p) = -\log_2 p = -\frac{\log_{10} p}{\log_{10} 2} = -\frac{\log_{10} p}{0.3010} = -3.322 \times \log_{10} p \quad (2.9)$$

[例 2.5] 宝くじと情報量。宝くじが当たる確率と得られる賞金額との関係は，事前確率と自己情報量との関係に似ている。宝くじでは，確率が小さい1等が当たれば賞金は高いが，確率が大きい下の等級では賞金がほとんど0である。ちょうど図2.1のような関係があり，自己情報量は賞金に相当する。

宝くじも，くじをつぎつぎに発生する情報源と考えられるが，くじを引くと残りの本数が減って情報源の性質（確率）が変わる。一方，情報理論では，情報源は非常に多くの記号を含んでおり，記号の系列（通報）を引き出しても記号の発生確率は変わらないと考える。

[例題 2.1] A君の合格率は 90 % である。A君の試験結果で，(イ)合格，(ロ)不合格，のそれぞれの通報がもつ自己情報量を求めよ。

[解] (イ) 合格の通報：合格する事前確率は $p=0.9$ である。
$I_1 = I(0.9) = -\log_2 0.9 = -3.322 \log_{10} 0.9 = -3.322 \times (-0.04576)$
$= 0.152$ bit

(ロ) 不合格の通報：不合格の事前確率は 10 % で，$p=0.1$ である。
$I_2 = I(0.1) = -\log_2 0.1 = -3.322 \log_{10} 0.1 = -3.322 \times (-1) = 3.32$ bit

合格率 90 % の A 君が不合格になった場合のほうが意外性が大きく，得られる情報量も多い。

[例題 2.2] 英文字からなる英文の情報源があり，これから1文字ずつ通報

が発生する。出てきた文字が，（イ）Eであった場合，（ロ）Zであった場合，それぞれの自己情報量を求めよ。

　　[**解**]　英文字の発生確率は付録の付表2.1を参照する。統計的にEの発生確率は$p_E=0.1073$，Zは$p_Z=0.00063$である。
　　（イ）　文字Eの自己情報量：
$$I_E = -\log_2 0.1073 = -3.322 \times (-0.9694) = 3.22 \text{ bit}$$
　　（ロ）　文字Zの自己情報量：
$$I_Z = -\log_2 0.00063 = -3.322 \times (-3.201) = 10.6 \text{ bit}$$

　　[**例題2.3**]　情報量の加法性について，マンションに住むS君の部屋を訪ねる問題を考える。マンションは4階建てで各階に8室，全部で32室ある。A君は「S君の部屋は3階」，B君は「S君の部屋は5号室（右から5番目）」，C君は「S君の部屋は35号室（3階の右から5番目）」の情報をもっている。各人がもつ自己情報量とそれらの関係を求めよ。

　　[**解**]　（イ）　A君の自己情報量：全32室のうち階数がわかっており，その階の8室のどれかであるから，事前確率は$8/32=1/4$。
$$I_A = -\log_2 1/4 = \log_2 2^2 = 2 \times \log_2 2 = 2 \text{ bit}$$
　　（ロ）　B君の自己情報量：全32室のうち，何番目かはわかっているが，4階のいずれかの階数であるから，事前確率は$4/32=1/8$。
$$I_B = -\log_2 1/8 = \log_2 2^3 = 3 \times \log_2 2 = 3 \text{ bit}$$
　　（ハ）　C君の自己情報量：全32室のうち一つに確定できるから，事前確率は$1/4 \times 1/8 = 1/32$。
$$I_C = -\log_2 1/32 = \log_2 2^5 = 5 \times \log_2 2 = 5 \text{ bit}$$

A君は2ビット，B君は3ビット，C君は5ビットの自己情報量をもつ。A君とB君の情報は独立であり，C君は両者の情報を併せもつ。C君の情報量はA君とB君の情報量の和であり，情報量の加法性が成り立っている。

2.3　平均情報量（エントロピー）

2.3.1　情報源のもつ情報量

前節の自己情報量は事象によって情報量が変化する。例えば，英文の通報を出力する情報源から，Zなどの確率が小さい記号を受信したときには自己情報

量は大きく，Eなどの確率が大きい記号では情報量は小さい。

情報源全体がもつ情報量を評価するには，個々の情報量である自己情報量よりも，それらを平均した情報量を用いたほうが的確である。すなわち，一つの記号当り平均的に得られる情報量を用いる。

[例2.6] 再び，宝くじと情報量。[例2.5]のように，宝くじの賞金は自己情報量に類似している。宝くじの性質を知るには，各等の賞金額の大きさ（自己情報量）にも興味はあるが，くじを1回引けばどれだけの賞金が得られるかの期待値（平均値）が問題になる。くじの有利さの程度は，1本当りの賞金の平均値によって評価する。　　　　　　　　　　　　　　　　　　　　」

2.3.2 完全事象と平均値

情報源から得られる1事象当りの平均的な情報量を求めるには，起こりうるすべての事象とその確率を知る必要がある。N個の事象 $E_1, E_2, \cdots, E_N$ を考え，それらの N 個の事象が起こる確率をそれぞれ $p_1, p_2, \cdots, p_N$ とする。このうちいずれか一つの事象が起こり，かつ，他のどの事象も起こらない場合，その事象全体を**完全事象**という。完全事象では，各事象の間にはすき間や重なりがなく，各確率 p_i，$(i=1,2,\cdots,N)$ の和は1になる。

$$p_1+p_2+\cdots+p_N=\sum_{i=1}^{N}p_i=1 \tag{2.10}$$

N個の事象があり，事象 E_i の確率を p_i とする。各事象にある量 G_i が対応する場合，その量の平均値 G は各量を確率で重み付けした値である。

$$G=p_1G_1+p_2G_2+\cdots+p_NG_N=\sum_{i=1}^{N}p_iG_i \tag{2.11}$$

平均値 G は，クラスの身長，宝くじの賞金など普通の平均値である。

[例2.7] サイコロで出る目1〜6で，各目が出る事象は完全事象である。必ずどれかの目が出て互いに重ならない。しかし，サイコロを振った結果を，奇数の出る事象と，4以上の目が出る事象の二つの事象を考えると，これらは完全事象ではない。各事象の確率はそれぞれ1/2で確率和は1になるが，5の目は両方の事象に含まれ，また，2の目はどの事象にも含まれておらず完全事

象ではない。」

2.3.3 エントロピー

情報源からの通報は文字（記号，シンボル）の系列で，情報伝送では1記号ずつ順に送信する。記号によって確率は異なるが，必ずどれかの記号（事象）を受信するので，情報伝送は完全事象である。

情報源から得られる1記号当りの情報量を，各記号の自己情報量を平均した値で定義する。これを**1記号（シンボル）当りの平均情報量**，あるいは**エントロピー**（average amount of information, entropy）という。紛らわしくない場合は，平均情報量を単に**情報量**と呼ぶこともある。

記号を N 種類とし，i 番目の記号 s_i の確率を p_i とする。記号 s_i に対する自己情報量 I_i は式 (2.7) から $I_i = -\log_2 p_i$ で与えられる。したがって，平均情報量（エントロピー）H は式 (2.11) で，$G_i = I_i$ として次式で与えられる。

$$H = p_1(-\log_2 p_1) + p_2(-\log_2 p_2) + \cdots + p_N(-\log_2 p_N)$$
$$= -\sum_{i=1}^{N} p_i \log_2 p_i \quad \text{〔ビット／シンボル〕} \tag{2.12}$$

ただし，$\sum_{i=1}^{N} p_i = 1$ である。

エントロピーの単位は，1記号当りの情報量であるから**ビット／シンボル**であり，**ビット／記号**，**bit／symbol** などとも表記する。自己情報量の単位（ビット）とは区別する必要があるが，誤解のない場合は単に（ビット）と表示することもある。

［**例題 2.4**］（1）〜（3）の三つの情報源があり，いずれも A，B，C，D の四つの記号をもつ。各情報源で記号の確率が以下のように与えられるとき，それぞれの情報源のエントロピーを求め，大きさを比較せよ。

（1）$p_A = 0.4$，$p_B = 0.3$，$p_C = 0.2$，$p_D = 0.1$
（2）四つの記号の生起確率がすべて等しい。

（3） 記号 A だけが現れて他の記号が現れない。

[**解**] 情報源（1）：

$$H_1 = -\sum_{i=A}^{D} p_i \log_2 p_i = -(p_A \log_2 p_A + \cdots + p_D \log_2 p_D)$$

$$= -(0.4 \log_2 0.4 + 0.3 \log_2 0.3 + 0.2 \log_2 0.2 + 0.1 \log_2 0.1)$$

$$= -3.322(0.4 \log_{10} 0.4 + 0.3 \log_{10} 0.3 + 0.2 \log_{10} 0.2 + 0.1 \log_{10} 0.1)$$

$$= 3.322(0.4 \times 0.3979 + 0.3 \times 0.5229 + 0.2 \times 0.6990 + 0.1 \times 1)$$

$$= 1.85 \text{ bit/symbol}$$

情報源（2）：$p = p_A = p_B = p_C = p_D = 1/4$ であるから

$$H_2 = -4 \times p \log_2 p = -4 \times \frac{1}{4} \log_2 \frac{1}{4} = -\log_2 2^{-2} = 2 \times \log_2 2 = 2 \text{ bit/symbol}$$

情報源（3）：$p_A = 1$，$p_B = p_C = p_D = 0$ であるから

$$H_3 = -(1 \times \log_2 1 + 3 \times 0 \log_2 0) = 0 \text{ bit/symbol}$$

受信される記号は A のみということがわかっており，情報量は得られない。ここでは $0 \times \log_2 0$ の計算があり，$0 \times \infty$ となって不定のように見えるが，これは 0 になる（$0^0 = 1$ で両辺の対数をとれば $0 \times \log 0 = \log 1 = 0$）。

各エントロピーの大きさは $H_3 < H_1 < H_2$ である。各記号の確率が等しいほど情報源から出てくる記号を予測しにくく，エントロピーが大きくなる。

2.4 エントロピーの性質

2.4.1 エントロピー関数

エントロピーは式（2.12）で与えられるが，ここでは最も基本的で重要な場合である情報源の記号が 2 元，すなわち 0 と 1 の二つの場合を考える。記号 1 の発生確率を p，記号 0 の確率を q とすれば $p + q = 1$ である。エントロピー $H(p)$ はつぎのようになる。$H(p)$ は情報理論でよく使われ，**エントロピー関数**（entropy function）と呼ばれる。この関数を $H_f(p)$ と書く。

$$\begin{aligned} H_f(p) &= -p \log_2 p - q \log_2 q \\ &= -p \log_2 p - (1-p) \log_2 (1-p) \quad [\text{bit/symbol}] \end{aligned} \quad (2.13)$$

2.4 エントロピーの性質

エントロピー関数 $H_f(p)$ は2元記号の発生確率に対する情報源のエントロピーを表している。$H_f(p)$ の p に対する変化を**図 2.2** に示す。

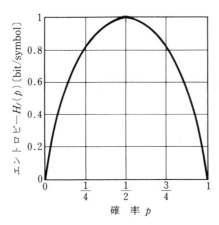

図 2.2 エントロピー関数

エントロピー $H_f(p)$ は $p=1/2$ のとき，すなわち出てくる記号が0か1かを最も予測しにくいときに最大値 $H_f(1/2)=1$ ビット/記号になる。一方，$p=0$ または $p=1$ では出てくる記号を完全に予測できるため，最小値 $H_f(0)=H_f(1)=0$ ビット/記号となる。

$H=0$ の場合は情報が得られず情報源としての価値がない。図 2.2 や［例題 2.4］からわかるように，**エントロピーは情報源に関する価値の尺度**になっている。

2元符号を伝送・記録するとき，1符号当りの情報量は**最大でも1ビット**である。1.3.1 項で触れたように，メモリの単位ビットは符号長（けた数）で，そこに記憶できる最大の情報量のことである。もし，メモリの内容がほとんど0の場合など，確率に偏りがあれば，1ビットのメモリに記憶できる実質の情報量は1ビットより小さい。このように，式 (2.7) で定義した情報量の単位としてビットが妥当なことがわかる。

2.4.2 最大エントロピーと冗長度

エントロピー関数 $H_f(p)$ は二つの記号が等確率で発生する場合に最大になる。一般に，N 種類の記号がある場合でも，**全記号が等確率の場合にエントロピーが最大**になる。数学的な証明は略すが，発生する記号を最も予測しにくいときにエントロピーが最大になることから容易に推測できる。

N 種類の記号の発生確率 $p_i(i=1,2,\cdots\cdots,N)$ がすべて等しく

$$p_1 = p_2 = \cdots = p_N = \frac{1}{N} \tag{2.14}$$

のとき，**最大エントロピー** $H_{\max}$ が得られる。

$$H_{\max} = -\sum_{i=1}^{N} p_i \log_2 p_i = -N \times \frac{1}{N} \log_2 \frac{1}{N} = \log_2 N \quad [\text{bit}/\text{symbol}] \tag{2.15}$$

［**例 2.8**］ 英文の情報源で，アルファベット 26 文字が等確率で現れれば，英文からは最大エントロピー $H_{\max} = \log_2 26 = 4.700\,\text{bit}/\text{symbol}$ が得られる。実際には各文字が等確率でないためこの値より小さくなる。英文のエントロピーは 4.14 bit/symbol 程度，ドイツ語やフランス語では，それぞれ 4.10，3.98 bit/symbol といわれている。　　　　　　　　　　　　　　　　┛

エントロピー値と最大エントロピーとの差は，情報量をもたない無駄な部分と考えられる。情報源に含まれる無駄（冗長）な部分の割合を表す指標として**冗長度**（redundancy）r を次式で定義する。

$$r = 1 - \frac{H}{H_{\max}} = 1 - h \quad (0 \leq r \leq 1) \tag{2.16}$$

ここで

$$h \equiv \frac{H}{H_{\max}} \quad (0 \leq h \leq 1) \tag{2.17}$$

H および $H_{\max}$ は，それぞれ式 (2.12) および式 (2.15) で与えられるエントロピーおよび最大エントロピーである。式 (2.17) の $h = H/H_{\max}$ はエントロピーに含まれる意味のある情報量の割合で，**相対エントロピー**と呼ばれる。

先の［例 2.8］において，英文の相対エントロピーは $h = 4.14/4.70 = 0.881$

で，真に情報を含むのは英文全体の約88％といえる。また，冗長度は$r = 1 - h = 10.881 = 0.119$となり，文章の約12％は冗長である。

冗長度は無駄ではない。冗長があるために，会話では少し聞き逃しても話を理解できる。冗長がまったくない場合，少しでも聞き違うと異なる意味になってしまう危険性がある。情報伝送では，5章で述べるように，符号に冗長性をもたせて途中での誤りに強くするために利用する。

2.4.3 記号間の相関

情報源から出てくる記号は，それ以前に出現した記号とは無関係，独立に生じると仮定している。本書では，このような**記憶のない情報源**のみを扱う。実際には，英文のアルファベット（記号）の並びには規則性があり，出力される文字は直前の文字とは独立でなく相関をもつ。このような情報源を**記憶のある情報源**，あるいは**マルコフ情報源**と呼ぶ。

記憶のある情報源では，記号が同じでも，その発生確率は直前に出た記号によって変化する。例えば，英文でhの発生確率は，直前にtがあると大きくなる。以前の状態によって変動する確率はマルコフ過程によって計算される。

記憶がある場合，つぎの記号を予測しやすくなるため一般にエントロピーは小さくなる。すなわち，式 (2.16) の冗長度 r が大きく，あるいは式 (2.17) の相対エントロピー h が小さくなる。

2元の記号1と0からなる情報源があり，それぞれは等確率 $p_0 = p_1 = 1/2$ で発生するとする。この場合，最大エントロピーの 1 bit/symbol が得られる，と2.4.1項で述べた。しかし，これには記号1，0の並びが**ランダム**（**不規則**）であるという条件が必要である。

例えば，等確率であっても並び方に規則性があり，1010101010…のように1と0が必ず交互に並ぶ場合，あるいは，前半が1で後半0の場合などではエントロピーは 0 bit/symbol になる。これは，前の記号とつぎの記号とに規則性（記憶）があり，つぎに受信する記号を完全に予想できるためである。

エントロピーが大きいことは，記号がランダムに発生して予測が困難である

ことであり，受信者にとってはその情報源の価値が高い。

演 習 問 題

2.1 コイン投げで表が出たことを知ったときに得られる自己情報量を求めよ。
2.2 ［例2.2］のサイコロを振った結果に対する通報（イ）〜（ニ）の各自己情報量を求めよ。
2.3 ジョーカーを除くトランプ52枚から1枚抜き出したカードを当てる。つぎの情報をもつ各人の自己情報量はいくらか。また，その間の関係はどうか。
　　A君の情報：スペードである。
　　B君の情報：8である。
　　C君の情報：スペードの8である。
2.4 A君が合格したという通報の自己情報量は3ビットであった。合格率はいくらか。また，エントロピーはいくらか。
2.5 A町とB町の天気の確率は，統計からつぎのように与えられている。エントロピーから，A町とB町の天気予報のもつ価値はどちらが大きいか。
　　A町の天候確率：晴れFが50％，曇りCが30％，雨Rが20％。
　　B町の天候確率：晴れFが85％，曇りCが10％，雨Rが5％。
2.6 式（2.13）のエントロピー関数 $H_f(p)$ が $p=1/2$ で最大となることを示せ。

3 情報源符号化

情報源からの通報は，これを構成する記号を符号化することにより伝送路に乗せる。符号化では，まず，通報ができるだけ短くなるように符号化されるが，これを**情報源符号化**（source coding）という。あるいは**高能率符号化**，**データ圧縮**とも呼ばれる。

全体として通報を短くするには，発生する確率の高い記号を短い符号に，低い記号を長い符号に変換し，1記号当りの符号長（平均符号長）をできるだけ短くする。この場合，符号は必然的に可変長符号になる。情報源符号化をするには情報源記号の発生確率を事前に知る必要がある。

本章では，符号の基本的条件や性質を理解した後，情報源符号化の具体的な方法であるハフマン符号化を説明する。さらに，平均符号長を短縮できる限界を与える情報源符号化定理を導き，情報源のエントロピーと平均符号長との関係を学ぶ。

3.1 符号の条件と性質

情報源符号化では，通報に含まれる各記号に存在する発生確率の片寄り，言い換えれば，2.4.2項で述べた冗長度を利用して平均的に符号の長さを短縮する。したがって，情報源符号化をするには情報源記号の発生確率を事前に知る必要がある。

記号の発生確率によって符号の長さを変化させるため，すべての符号長が同じである固定長（等長）符号では圧縮は不可能である。したがって，情報源符号化では可変長（非等長）符号になる。

本節では，符号化する場合に一般的に要求される符号の基本的な条件や符号がもつ性質を調べる。

3.1.1 符号としての条件

情報源符号化に限らず，一般に通信や記録に用いる符号はつぎの基本的な条件が要求される。

- **一意的に復号可能であること**：受信した符号列を復号する場合，結果が2通りの記号列に解釈できては正しく通信できない。**一意的に復号可能**（uniquely decodable）は，復号結果が1通りに決まる必要最低限の条件である。
- **瞬時符号であること**：1記号分の長さの符号を受信すれば，後の符号によらず直ちに復号できる（一意的に決まる）符号を**瞬時符号**（instantaneous code）という。一方，それ以後の符号を待たないと以前の符号が決まらない符号を**非瞬時符号**（non-instantaneous code）という。

　一意に復号できる場合でも，非瞬時符号はメモリが必要で復号に時間がかかることなどのため実用的な符号としては適さない。
- **平均の符号長が極力短いこと**：伝送時間の短縮やメモリの節約に必要である。本章のテーマである符号の高能率化（圧縮）への要求であり，以下で具体的に検討する。

上記以外の実用的な条件として，装置，特に復号器が簡単に構成できることが要求される。

符号の条件について**表 3.1**に示した例で具体的に見てみよう。表には一意復号の可能性や瞬時符号の区別も示している。情報源の記号は A〜D の4種類とし，これらを 0，1 の2元符号により符号化したとする。ここでのビット数は符号の長さのけた数を表す単位である。

- **符号 C_1**：すべての記号を2ビットで符号化した固定長（等長）符号である。受信符号の列を2ビットごとに区切って直ちに復号できる。符号長が記号の発生確率に無関係なため高能率化はできない。

3.1 符号の条件と性質　　31

表3.1　各種の符号の例

一意復号性	可　能				不　可
瞬時性	瞬　時				非瞬時
情報源記号	等長符号 C_1	コンマ符号 C_2	C_3	C_4	C_5
A	00	0	0	0	0
B	01	10	10	01	01
C	10	110	110	011	10
D	11	1110	111	111	11

・符号 C_2：各符号の末尾がビット "0" であり，これが区切りの役目をするのでコンマ符号という。A の符号が短く，D が長いが，記号 A の発生確率が大きく，D が小さければ，全体の平均符号長を短くでき，符号 C_1 より能率が高い符号になる。

・符号 C_3：符号 C_2 において，記号 D の末尾のビット "0" を除いた符号である。除いた "0" はなくても区切りを判定できるため瞬時に復号できる。これにより C_2 よりも平均符号長を短くできる。

・符号 C_4：符号 C_3 の各符号について，0 と 1 の並びを前後入れ替えた符号であるが，非瞬時符号になる。

　例えば，"0111111" の 7 ビットを受信しても直ちに復号できない。もし，8 ビット目が "0" の場合は 7 ビットまでを "ADD" の記号列に復号できる。しかし，8 ビット目が "1" であれば "BDD" や "CDD" に復号される可能性があるので 7 ビットだけでは復号できない。後まで受信すれば一意的に復号できて一意復号可能であるが，瞬時には復号できない。

・符号 C_5：符号 C_1 の記号 A の 0 を一つに短縮した符号である。平均符号長が最も短いように見えるが，一意に復号できない。例えば，"0110" と受信した場合，記号列は "ADA" と "BC" の 2 通りの可能性がある。一意に復号可能な基本的条件を満たしていない。

3.1.2　符　号　の　木

瞬時符号かどうかを調べるには**符号の木**（code tree）を用いるのが便利で

ある。符号の木は**図 3.1** に示すように符号の構成を樹状に表示したものである。木は**節**（node，図中の●）と呼ぶ点と，二つの節を結ぶ**枝**（branch）と呼ぶ線分で構成される。

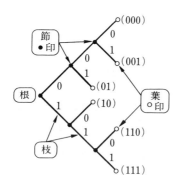

図 3.1 符号の木の構造

ここでは，木は左から右に伸び，枝は左の節から右の節に入る。最も左の，枝が入らない節を**根**（root）と呼び，枝が出ない節を**葉**（leaf，図中の○）と呼ぶ。根と葉以外の節は中間節点とも呼ぶ。

2 元符号の場合は節から出る枝は 2 本以下であり，一方の枝に "0"，他方の枝に "1" を割り当てる。便宜上，ここでは上の枝に "0"，下の枝に "1" を割り当てることとする。

図 3.1 では 1 枚の葉に一つの符号を対応させている。各符号の長さは，根から葉まで通って来る枝の本数に一致する。各符号の 0，1 の並ぶ順序は，根から葉の方向に通る枝に割り当てられた 0，1 の順序である。例えば，図中の符号(110)は，根を出発して，1 の枝，1 の枝，0 の枝の順に通って(110)の葉に到達する。符号長 3 ビットは通過する枝の本数に一致する。

図 3.2 は，表 3.1 の各種符号を符号の木を用いて表したものである。復号では根から枝を通って葉の方向にたどる。つぎつぎに受信される符号の 0 または 1 に従ってそれぞれ，0 または 1 の枝に沿って進む。これによって瞬時符号かどうかを判定できる。

瞬時符号では全符号が葉に割り当てられており，葉は終点であるからそこで直ちに復号できる。**瞬時符号の必要十分条件は，すべての符号が葉に割り当て

3.1 符号の条件と性質　　33

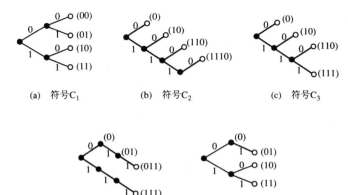

図3.2 符号の木で表した表3.1の各種符号

られることである。一方，非瞬時符号（図3.2の(d)と(e)）では，一部の符号が中間の節に割り当てられている。節の後にまだ葉があるため，節に到達した時点では符号を決められず非瞬時符号となる。

非瞬時符号で，中間の節にある符号は，後の葉の符号の頭の一部（接頭語；prefix）をもつ。瞬時符号になる条件を言い換えれば，どの符号も他の符号の接頭語になっていないこと（**接頭語条件**）である。

また，図3.2(b)の符号 C_2 の(1110)は，その直前の節から出る枝が1本のみで，これを除いて符号 C_3 のようにすれば枝を1本少なくでき，平均符号長を短くできることがわかる。

3.1.3　クラフトの不等式

先の例からわかるように，符号の能率を高めるために符号長をあまり短くすると瞬時符号でなくなったり，一意に復号できない可能性がある。どの程度まで瞬時符号の符号長を短くできるかが問題である。

符号が決まれば，符号の木を描くか接頭語条件を調べれば瞬時符号の判定は容易である。しかし，より能率の高い符号を探している段階ではまだ符号を決められない。このような問題に対して，クラフト（Kraft）は瞬時符号が満た

すべき符号長の条件を与えた。

N 種類の記号があり,各記号に対する符号長を L_i ビット ($i=1,2,\cdots,N$) とする。瞬時符号はつぎの**クラフトの不等式**（Kraft's inequality）を満たす。

$$2^{-L_1}+2^{-L_2}+\cdots+2^{-L_N}=\sum_{i=1}^{N}2^{-L_i}\leq 1 \tag{3.1}$$

上式の底 2 は 2 元符号を扱っていることに基づく。クラフトの不等式を満たすことが,一意に復号可能で瞬時符号となる必要十分条件である。瞬時符号はこの不等式を満たし,逆に,この条件を満たす符号長であれば必ず瞬時符号を構成できる。瞬時符号の存在は保証されているが,つぎの［例題 3.1］のように,同じ符号長であっても 0,1 の並べ方によっては瞬時符号とはならない場合があるので注意が必要である。

式 (3.1) の証明は略すが,図 3.3 のように符号の木の根からすべての葉に養分を流す様子から理解できる。各節点を通るごとに養分は 1/2 ずつに分配されすべての養分が最終点である葉に行き渡る。瞬時符号では,符号はすべて葉にあり,葉に届いた養分の和は 1 より大きくなることはない。

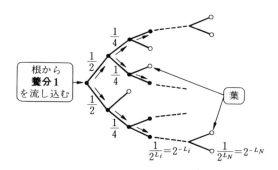

図 3.3 クラフトの不等式の説明

一方,非瞬時符号では,中間節点に記号が割り当てられるが,それ以降にある符号にも養分を送るためには 1 よりも大きい養分を流し込む必要がありクラフトの不等式を満たさなくなる。

［**例題 3.1**］ 表 3.1 の各種の符号についてクラフトの不等式を計算し,一意および瞬時復号性を調べよ。

[解]
- 符号 C_1：瞬時符号で，全部の符号長が $L_i=2$ ビット。$2^{-2} \times 4 = (1/4) \times 4 = 1$ となり，不等式を満たしている。
- 符号 C_2：記号 A〜D の符号長はそれぞれ 1, 2, 3, 4 ビットであるから，不等式の左辺 $= 2^{-1}+2^{-2}+2^{-3}+2^{-4}=1/2+1/4+1/8+1/16=15/16<1$ となり，不等式を満たしている。
- 符号 C_3：同様に，$2^{-1}+2^{-2}+2^{-3}+2^{-3}=1/2+1/4+1/8+1/8=1$ で不等式を満たしている。
- 符号 C_4：おのおのの符号長が C_3 と同じであるから，クラフトの不等式を満たすが，この符号は非瞬時符号である。クラフトの不等式を満たせば，その符号長で瞬時符号を作れる可能性は保証されるが，すべてが瞬時符号になるとは限らない。C_3 のように 0, 1 をうまく並べる必要がある。
- 符号 C_5：$2^{-1}+2^{-2}+2^{-2}+2^{-2}=1/2+1/4+1/4+1/4=5/4>1$ でクラフトの不等式を満たさない。したがって，一意的でなくかつ瞬時符号ではない。

3.2 符号の長さ

情報源符号化の目的は，1記号当りの符号長（平均符号長）を極力短くすることであり，符号の良さは平均符号長で評価できる。

3.2.1 平均符号長

通報の全符号の長さ（ビット）を通報に含まれる記号（シンボル）の数で割った値で**平均符号長**を定義する。平均符号長の単位は1記号当りの符号の長さであるので，**ビット/シンボル**，**ビット/記号**，**bit/symbol** である。単位は式 (2.12) のエントロピー（平均情報量）と同じであるが，符号長と情報量との違いに注意する必要がある。

平均符号長は各記号に対する符号長とその発生確率により計算できる。N 種類の記号があり，各記号に対する発生確率を p_i ($i=1, 2, \cdots, N$)，符号長を L_i ビットとする。平均符号長 L〔bit/symbol〕は L_i の平均で，式 (2.11) から次式で求められる。

36　3. 情報源符号化

$$L = p_1 L_1 + p_2 L_2 + \cdots + p_N L_N = \sum_{i=1}^{N} p_i L_i \ \text{[bit/symbol]} \tag{3.2}$$

ただし，$\sum_{i=1}^{N} p_i = 1$ である。

[例題 3.2] 平均符号長の計算には情報源記号の発生確率が必要である。表3.1 の記号 A～D の発生確率を p_i（$i=A, B, C, D$）で表し，$p_A=0.6$，$p_B=0.25$，$p_C=0.1$，$p_D=0.05$ とする。各符号 C_1～C_5 の平均符号長 L [bit/symbol] を求めよ。

[解] 式 (3.2) により $L = p_A L_A + p_B L_B + p_C L_C + p_D L_D$ を計算する。
・符号 C_1：2 ビットの固定長符号なので，平均符号長は発生確率にかかわらず $L=2$ bit/symbol である。すなわち，$L=(p_A+p_B+p_C+p_D)\times 2 = 1\times 2 = 2$。
・符号 C_2：$L = 0.6\times 1 + 0.25\times 2 + 0.1\times 3 + 0.05\times 4 = 1.6$ bit/symbol。
・符号 C_3：$L = 0.6\times 1 + 0.25\times 2 + 0.1\times 3 + 0.05\times 3 = 1.55$ bit/symbol。
・符号 C_4：各符号長が C_3 と同じなので L も同じ。
・符号 C_5：$L = 0.6\times 1 + 0.25\times 2 + 0.1\times 2 + 0.05\times 2 = 1.4$ bit/symbol。

この結果をまとめて**表 3.2** に示す。C_5 が最短で，効率的に見えるが一意に復号できないため符号として使用できない。つぎに短い C_4 は非瞬時符号であり，やはり失格である。

表3.2　各種符号の平均符号長

情報源		一意復号可						一意復号不可	
		瞬時符号				非瞬時符号			
記号	確率	符号 C_1		符号 C_2		符号 C_3		符号 C_4		符号 C_5	
i	p_i	符号	L_i	符号	L_i	符号	L_i	符号	L_i	符号	L_i
A	0.6	00	2	0	1	0	1	0	1	0	1
B	0.25	01	2	10	2	10	2	01	2	01	2
C	0.1	10	2	110	3	110	3	011	3	10	2
D	0.05	11	2	1110	4	111	3	111	3	11	2
平均符号長 L		2		1.6		1.55		1.55		1.4	

一意復号可能で瞬時符号であるためには，平均符号長の短縮化には限界があることが予想される。［例題 3.2］の発生確率に対しては，符号 C_3 が平均符号長が最も短く，C_1 や C_2 よりも良い符号化といえる。

［**例題 3.3**］ ［例題 3.2］または表 3.2 と同じ符号であるが，各記号の発生確率が等しく $p_A=p_B=p_C=p_D=0.25$ のとき，符号 $C_1\sim C_3$ の平均符号長を求めよ。

［**解**］ 確率がすべて等しいから，式 (3.2) は $L=p\times(L_A+L_B+L_C+L_D)$ となる。
・符号 C_1：固定長符号なので $L=2\,\mathrm{bit/symbol}$ である。
・符号 C_2：$L=0.25\times(1+2+3+4)=0.25\times 10=2.5\,\mathrm{bit/symbol}$。
・符号 C_3：$L=0.25\times(1+2+3+3)=0.25\times 9=2.25\,\mathrm{bit/symbol}$。

この例題では，符号 C_1 が 2 ビットで最短であり，C_2 や C_3 よりも良い符号化である。一方，［例題 3.2］の発生確率では C_3 が最も最短の符号化で 1.55 ビットまで短縮できた。このように，情報源記号の発生確率によって能率が良い符号化とその平均符号長が異なる。

3.2.2　符号長の短縮限界

与えられた情報源（記号の種類とその発生確率）に対して，平均符号長が短いものが良い符号化であるが，どこまで短縮できるだろうか。一意的かつ瞬時に復号可能な符号のうち，最も短い（能率が高い）符号を**コンパクト符号**（compact code）あるいは**最短符号**と呼ぶが，前項の例題でわかるように，コンパクト符号の平均符号長には限界があることが推測できる。

シャノンは，平均符号長の限界はつぎのように表せることを示した。**平均符号長 L 〔bit/symbol〕は，その情報源のエントロピー H 〔bit/symbol〕よりも小さくできない。また，$(H+1)$ ビットよりも短い符号は作成可能である。**

$$H\leq L<H+1 \tag{3.3}$$

L および H は，それぞれ式 (2.12) および式 (3.2) と同じで，記号が N 種類，発生確率を p_i，符号長を L_i ($i=1,2,\cdots,N$) として次式で与えられる。

$$H=-\sum_{i=1}^{N}p_i\log_2 p_i,\quad L=\sum_{i=1}^{N}p_i L_i \tag{3.4}$$

証明は付録3に示す。式 (3.3) は**平均符号長の限界定理**とも呼ぶべき重要なものである。数値的にはもちろんであるが，情報量として定義したエントロピーと，符号の長さ（けた数）である平均符号長とを結び付ける意味でも重要であり，両者が同じ単位を用いることの根拠にもなる。

式 (3.3) から，符号化を工夫すれば L をいくらでも H に近づけることができることを示す情報源符号化定理が導けるが，これは3.4節で述べる。

[**例題3.4**] N 種類の記号について，各確率 p_i が各符号長 L_i により次式で与えられるとき，式 (3.3) の等号が成立することを示せ。

$$p_i = 2^{-L_i} \tag{3.5}$$

[**解**] 式 (3.4) の第1式に含まれる対数に，式 (3.5) を代入すれば，$\log_2 p_i = \log_2 2^{-L_i} = -L_i \log_2 2 = -L_i$ であり

$$H = -\sum_{i=1}^{N} p_i \log_2 p_i = \sum_{i=1}^{N} p_i L_i = L$$

となる。L_i は自然数（正の整数）で，全確率和が1となる必要があるため，各確率がこの条件を満たす場合は限られる。

情報源符号化において，平均符号長 L が，エントロピー H にどれだけ近いかを示す指標として，つぎの**符号化の効率** e を定義する。

$$e = \frac{H}{L} \quad (0 \leq e \leq 1) \tag{3.6}$$

$L = H$ のとき，効率が最大で 1（100 %）となる。

[**例題3.5**] 表3.2の各種符号化について，平均符号長とエントロピーの関係を式 (3.3) の観点から調べよ。

[**解**] 表3.2の情報源のエントロピー H を計算すれば

$$\begin{aligned} H &= -(p_A \log_2 p_A + p_B \log_2 p_B + p_C \log_2 p_C + p_D \log_2 p_D) \\ &= -(0.6 \log_2 0.6 + 0.25 \log_2 0.25 + 0.1 \log_2 0.1 + 0.05 \log_2 0.05) \\ &= 1.490 \, \text{bit/symbol} \end{aligned} \tag{3.7}$$

表3.2の各符号 $C_1 \sim C_5$ の平均符号長 L はそれぞれ 2, 1.6, 1.55, 1.55, 1.4 である。符号 C_5 は $L < H$ で式 (3.3) の条件を満たさず失格である。他の符号は $L > H$ で式 (3.3) の条件を満たすが，C_4 は瞬時符号でなく実用上失格である。$C_1 \sim C_3$ の中で C_3 が最も H に近く良い符号化である。

3.3 ハフマン符号化

3.3.1 ハフマンの符号化法

ハフマン（Huffman）はコンパクト符号を与える具体的な手法を示した。これにより構成される符号を**ハフマン符号**（Huffman code）と呼ぶ。情報源符号化の基本的な手法であり，例えば，ファクス（4.2節）や画像（10.3節）などのデータ圧縮でも取り入れられている。

［ハフマン符号の構成手順］

ハフマン符号は，図3.1の符号の木を，葉のほうから根の方向に向かって構成する。手順を，表3.2の四つの記号と確率を例にして**図3.4**に示す。

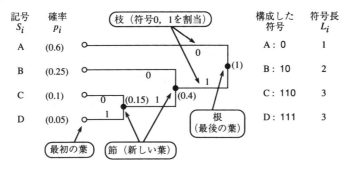

図3.4 ハフマン符号化の手順

（1） 情報源記号を並べ，その数だけの葉をつくって各記号を一つずつ葉に割り当てる。各葉には記号の確率を記入する。
（2） 確率が最小の葉から順に二つの葉を選んで一つの節点をつくる。節点と先の二つの葉を枝で結ぶ。2本の枝の一方に "0"，他方の枝に "1" を割り当てる。これらは符号のうちの1ビットに相当する。
（3） この節点に先の二つの葉の確率の和を記入する。この節点を，この確率和をもつ新たな葉とする。
（4） 新しい葉と他の残りの葉により新たな情報源ができたと考え，手順(2)

に戻って構成法を続ける。葉が1枚になれば完了である。

[**構成上の注意**]
- 最後の葉（最右端，木の根に相当）の確率の和は1になる。
- 符号の0, 1は，根（右）から最初の葉（左）に向かって，左向きに枝に沿って進み，枝の0, 1を読み取って順に並べる。
- 各符号の符号長は，通過した枝の数に等しい。
- 記号の確率の大きいものから順に上から下に並べて葉をつくるほうがわかりやすい。新しい葉ができると，いつも下の枝2本から新しい節をつくるとは限らないことに注意する必要がある。あくまでも確率の小さい二つの葉から節をつくる。
- 同じ確率のものがある場合はどちらを選んでもよい。この場合，選び方によって見掛け上異なる符号ができるが，平均符号長は同じになる。
- 1対の枝に0, 1を割り当てるとき，どちらに選んでもよいが，ここでは便宜的に上の枝に"0"，下の枝に"1"を割り当てる。

瞬時符号となる条件は，3.1.2項で述べたように「すべての符号が葉に割り当てられていること」であるが，ハフマン符号は明らかにこの条件を満たしており，瞬時符号である。

図3.4の例でつくったハフマン符号は表3.2のC_3と同じで，式(3.6)の情報源符号化の効率は$e=H/L=0.961$ (96.1%) となる。1記号ずつ符号化する方法ではこれが最短化の限界である。

[**例題3.6**] 6種類の記号A～Fの情報源がある。記号の発生確率がそれぞれ0.3, 0.25, 0.2, 0.1, 0.1, 0.05のとき，ハフマン符号，平均符号長L，エントロピーH，および符号化の効率eを求めよ。

[**解**] 結果の一例を図3.5に示す。他の0, 1の並びも可能だが，平均符号長はどれも等しくなる。$H=2.37$ bit/symbol，$L=2.40$ bit/symbol，および$e=0.988=98.8\%$となり，効率はかなりよい。

3.3 ハフマン符号化　41

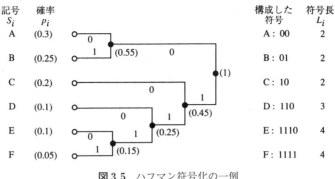

図3.5　ハフマン符号化の一例

3.3.2　拡大情報源

平均符号長 L の最短限界はエントロピー H で与えられるが，$L=H$ になるまで短縮化できるのは限られた確率の組合せ以外にはなく，任意の確率では L はまだ H よりも大きい．

前項では各記号を一つずつ符号化したが，この符号化では短縮化には限界がある．さらに平均符号長を短縮するには，複数の記号をまとめて一つの新たな記号とし，等価的に1記号当りの符号長を短縮する．

情報源の記号を m 個ずつまとめた情報源を m 次の**拡大情報源**（extended source）と呼ぶ．$m \geq 2$ で記号をまとめることを**ブロック化**という．例えば，2次拡大情報源では2個の記号をブロック化して符号化し，受信側では2個の記号に対応する1個の符号から2個の記号に復号する．

情報源が N 種類の記号をもてば，m 次拡大情報源の記号は N^m 種類になる．記号の並びが異なる AB と BA は，通報としては別の意味をもつため別々の記号である．先の表3.2の例では情報源は A〜D の4種類の記号をもつので，2次拡大情報源は $4^2 = 16$ 種類の記号をもつ．すなわち，AA，AB，AC，〜，DC，DD の16種類である．

記憶のない情報源を考えているので，ブロック化された記号の発生確率は，元の情報源記号の確率の積で与えられる．すなわち拡大情報源記号の確率は，直前の記号と相関はなく，各確率は独立として確率の積になる．AB と BA は

別の記号であるが，その確率は同じである．

［**例 3.1**］ 表 3.2 の符号について，情報源の A～D の 4 種類の記号で 2 次拡大情報源を考えた場合，16 種類のブロック符号とそれらの確率を図 3.6 に示す．2 次拡大情報源では AA，AB などを新しい一つの記号とみなす．

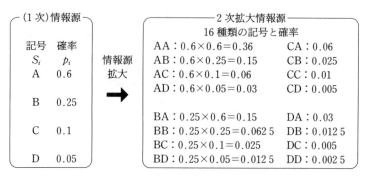

図 3.6　2 次拡大情報源の記号と確率

［**拡大情報源のエントロピー**］

エントロピー H は 1 記号当りの平均情報量であり，元の情報源の記号の発生確率で決まる固有の値である．情報源を m 次に拡大した場合，そのエントロピーは m 倍の mH になる．これは m 個の記号当りのエントロピーであり，1 記号当りに換算すると H である．すなわち m 次の拡大情報源のエントロピーは元の情報源と同じである（演習問題 3.3 参照）．

3.3.3　ハフマンブロック符号化

ハフマン符号化は，複数記号をブロック化した拡大情報源に対しても有効で，これを**ハフマンブロック符号化**と呼ぶ．拡大情報源の記号の種類は増えるが，確率は容易に求められる．ハフマンブロック符号化は，ブロック化された記号と確率を並べ，通常の（1 次拡大）情報源と同じ手順に従えばよい．

ハフマンブロック符号化で得られる m 次拡大情報源の平均符号長 L_m 〔bit/m symbols〕は，m 個の記号当りの符号長である．したがって，**1 記号当りの平均符号長** L は，$L = L_m / m$ 〔bit/symbol〕で求める．符号の良さは，平均符

号長をエントロピーと比較するが,いずれも元の1記号当りの値で比べる。

つぎの例で,拡大情報源による符号長の短縮化の効果を見てみよう。

[**例 3.2**] 2種類の記号をもつ情報源に対するハフマンブロック符号

元の(1次拡大)情報源の2種類の記号をAおよびB,その発生確率を0.9および0.1とする。エントロピーHは高次の拡大情報源でも同じで,次式のHを基準にして符号の短縮度,符号化の効率eを調べる。

$$H = -(0.9\log_2 0.9 + 0.1\log_2 0.1) = 3.322 \times (0.9 \times 0.045\,76 + 0.1 \times 1)$$
$$= 0.469\,0 \text{ bit/symbol}$$
⌟

(1) **1次拡大情報源の符号化** ハフマン符号化により図 3.7 に示す符号が構成できる。各記号の符号長はいずれも1ビットである。平均符号長L_1はつぎのようになる。

$$L_1 = 0.9 \times 1 + 0.1 \times 1 = 1 \text{ bit/symbol}$$

平均符号長L_1は 1 bit/symbol で,エントロピーH(= 0.469 bit/symbol)とは差があり,符号化の効率は$e_1 = 46.9\%$であまり効率的でない。

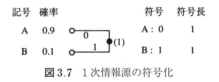

図 3.7　1次情報源の符号化

(2) **2次拡大情報源の符号化** 記号は(AA,AB,BA,BB)の4種類,確率は(0.81,0.09,0.09,0.01)である。ハフマンブロック符号を図 3.8 に示す。2次拡大情報源の平均符号長L_2はつぎのようになる。

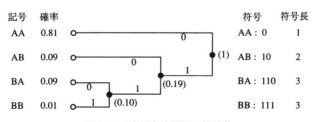

図 3.8　2次拡大情報源の符号化

44　3. 情報源符号化

$$L_2 = \frac{1}{2}(0.81 \times 1 + 0.09 \times 2 + 0.09 \times 3 + 0.01 \times 3) = \frac{1.29}{2}$$
$$= 0.645 \, \text{bit/symbol}$$

上の計算で L_2 は2で割ることにより1記号当りの値に直していることに注意する。分子の（　）の中は2記号に対する符号長である。

$L_2 = 0.645 \, \text{bit/symbol}$ は，L_1 の 1 bit/symbol よりもかなり小さく，エントロピー $H = 0.469 \, \text{bit/symbol}$ に近づいている。符号化の効率は $e_2 = 72.7\%$ で，$e_1 = 46.9\%$ に比べて大きくなりブロック符号化の効果がある。

（3）**3次拡大情報源の符号化**　3次の記号の種類は（AAA，AAB，…，BBB）など，$2^3 = 8$ 種類になる。新たな記号，確率などを含めて**図3.9**に符号化の結果を示す。3次拡大情報源の平均符号長 L_3 はつぎのようになる。

$$L_3 = \frac{1}{3}(0.729 \times 1 + 3 \times 0.081 \times 3 + 3 \times 0.009 \times 5 + 0.001 \times 5) = \frac{1.598}{3}$$
$$= 0.533 \, \text{bit/symbol}$$

L_3 は3で割って1記号当りの値を得ている。$L_3 = 0.533 \, \text{bit/symbol}$ は2次拡大情報源の $L_2 = 0.645 \, \text{bit/symbol}$ よりもさらに小さく，エントロピー $H = 0.469 \, \text{bit/symbol}$ に近づく。符号化の効率は $e_3 = 88.0\%$ で，$e_2 = 72.7\%$ に比べてさらに大きくなり，3次に拡大した効果が得られる。

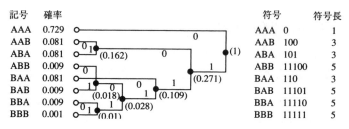

図3.9　3次拡大情報源の符号化

図3.10は，情報源記号を2種類とし，種々の発生確率の組合せについて情報源を拡大した場合の符号化の効率を示したものである。情報源の拡大次数を大きくすれば効率が100％に近づく様子がわかる。

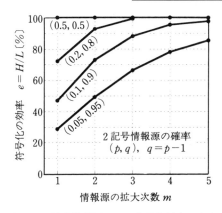

図 3.10　拡大情報源による符号化効率の向上

3.4　情報源符号化定理

情報源符号化では，前節の拡大情報源の例のように符号化を工夫すれば，平均符号長 L をエントロピー H の限界までいくらでも近づけられる。これを示すのがつぎの**情報源符号化定理**（source coding theorem）である。

$$H \leqq L < H + \varepsilon \tag{3.8}$$

0 に近い任意の正の数 ε について成り立つので，この定理は平均符号長をいくらでもエントロピーに近づけられることを示している。

この定理は**シャノンの第 1 基本定理**，あるいは**雑音のない場合の符号化定理**ともいう。これらは 5.6 節で述べる情報理論のもう一つの重要な定理である雑音（誤り）がある場合の符号化の定理と対比させた呼び方である。

式 (3.8) は，平均符号長の限界，範囲を与える式 (3.3) と，拡大情報源の知識から証明できる。

m 次拡大情報源の m 個の記号当りのエントロピーを H_m，平均符号長を L_m とすれば，どのような場合にも式 (3.3) が成り立つので

3. 情報源符号化

$$H_m \leqq L_m < H_m + 1 \tag{3.9}$$

上の各項をブロック化する記号の個数 m で割れば

$$\frac{H_m}{m} \leqq \frac{L_m}{m} < \frac{H_m}{m} + \frac{1}{m}$$

となるが，3.3.2項で述べたように $H_m = mH$，および $L_m = mL$ であるから次式が得られる。

$$H \leqq L < H + \frac{1}{m}$$

拡大次数 m を大きくしていけば，つぎのようになり式（3.8）が得られる。

$$\lim_{m \to \infty} \left(\frac{1}{m} \right) = \varepsilon$$

情報源符号化定理は，情報源がどのような確率分布でも，平均符号長をいくらでもエントロピーに近づける符号化が存在することを保証している。情報源の拡大次数を大きくすれば，効率が上がるが，符号化・復号化の手順は複雑になる。

演 習 問 題

3.1 表3.2の情報源から10 000個の記号が発生し，これを送信する。伝送速度が50 bpsのとき，符号 C_1，および符号 C_3 では，それぞれ何秒間かかるか。

3.2 情報源記号が2種類の場合，$L = H$ となるためには，各記号の発生確率がいくらでなければならないか。また，記号が3種類，および4種類の場合はどうか。

3.3 2次拡大情報源のエントロピー H_2 は，元の（1次拡大）情報源のエントロピー H_1 の2倍になることを示せ。

3.4 図3.10のように，二つの記号A，Bからなる情報源の発生確率をそれぞれ0.8，0.2とする。エントロピーおよび情報源を2次～4次に拡大した場合の平均符号長，符号化の効率を計算せよ。

4 データの圧縮

　前章では情報源符号化について，その原理と限界，ハフマン符号化などの具体的な符号化の方法を学んだ．情報源符号化は実用技術としてはデータ圧縮とも呼ばれ，パソコンやディジタル機器に広く応用されている．

　データ圧縮には，復号化によって完全に元の情報を復元でき情報の欠落がない可逆圧縮と，元の情報には完全に戻らず情報の欠落を伴う非可逆圧縮とがある．ディジタル情報源は可逆圧縮，アナログ情報源は非可逆圧縮が使われることが多い．

　ハフマン符号化は能率が高く代表的な可逆圧縮であるが，記号の発生確率を事前に知る必要があり，そのまま適用することは現実的でない．本章では，ディジタル情報源に対する実際的な圧縮の例として，ファクスデータやパソコンでよく使われるテキストのデータ圧縮技術を説明する．音声や映像などのアナログ情報源の圧縮技術については10章で述べる．

4.1 可逆圧縮と非可逆圧縮

　通報を符号化して伝送し，受信側で送信情報が完全に復元されて情報が欠落しない情報源符号化を**可逆圧縮**（無ひずみ圧縮，無損失圧縮，**ロスレス圧縮**）という．一方，完全には復元できず，情報の欠落を伴う符号化を**非可逆圧縮**（有ひずみ圧縮，損失のある圧縮，ロッシー圧縮）という．

　非可逆圧縮は原理的に情報の損失を伴って品質が若干犠牲になるが，圧縮率を大きくできて，通信時間や記憶容量を節約できる利点がある．可逆および非可逆圧縮の特徴を**表4.1**に示す．

4. データの圧縮

表 4.1 可逆および非可逆圧縮

	情報の損失	圧縮率	情報源	実時間性	誤り制御
可逆圧縮	なし 完全に復元	低い	ディジタル データなど	遅延を許容	誤り検出・再送要求 (ARQ)
非可逆圧縮	あり 問題ない程度	高い	アナログ 音声・映像	実時間が 必須	受信側で誤り訂正 (FEC)

データやテキストなどのディジタル情報源には可逆圧縮，音声や映像などのアナログ情報源には非可逆圧縮が適用される場合が多い．これらの情報源について可逆圧縮と非可逆圧縮の概要を説明する．

4.1.1 可 逆 圧 縮

テキストやデータなどのディジタル情報源には，一字一句間違いなく復元する必要があるため可逆圧縮を用いる．パソコン通信などでは，通信時間や記憶容量を小さくするためデータを圧縮して送信し，受信側で復元される．符号化の圧縮に対して復号化を**解凍**あるいは**伸張**とも呼ぶ．

可逆圧縮は完全復元が最優先であり，圧縮率をあまり大きくできない．また，5.1節で述べるように，通信路の途中で誤りが生じた場合はそのデータを再送するように誤り制御する．このように正確を期す処理のために通信時間に遅れが生じる場合があるが，遅延を許容しても正確さを優先する．

可逆圧縮では，なんらかの形で記号の発生確率に応じた符号化によって圧縮し，平均符号長がエントロピーに極力近づくように工夫するために**エントロピー符号化**とも呼ばれる．この代表的な方法には，前章で述べたハフマン符号化があるが，ハフマン符号化ではデータに含まれる記号の発生確率が事前にわかっている必要があり，一般的な記号列への適用は工夫を要する．

本章では，実際的な圧縮の例として，ファクスやテキストデータの圧縮に使用されるランレングス符号化やLZ符号化などを，それぞれ4.2および4.3節で述べる．

4.1.2 非可逆圧縮

1.2.2項で述べたように，オーディオや映像などのアナログ情報は膨大な情報量をもつが，通信や記録・再生ではリアルタイム（実時間）性が要求され，遅延は許されない。アナログ情報は大量であるが，最終的な受け手が人間になるため，少しくらい情報（品質）が劣化しても，聞いたり見たりする場合に不都合がなければよい。

したがって，少々の情報損失は許容しても圧縮率を大きくし，リアルタイムでの再現性を優先する。携帯電話やディジタルテレビ放送の伝送だけでなく，インターネットによる映像配信，CDやDVD，BD（ブルーレイディスク）などの光ディスクへの蓄積でもこのような音声・映像の圧縮技術が不可欠であり，これにより各種のマルチメディアが実用化できるようになった。

非可逆圧縮では，リアルタイム性を優先するため，5.1節で述べるように，通信路で誤りが生じても再送せずに受信側で誤りを訂正する技術を用いる。間違った訂正をする可能性もあるが，少々の品質劣化は許容する。音声や映像の非可逆圧縮については10章で取り上げる。

4.2　ファクスのデータ圧縮

文章の記号以外の例として，ファクスや静止画の符号化を説明する。ファクスでは紙面を順次走査し，文字や図形の白黒の画素の並びをディジタル2値情報（2元符号）列に変換する。ファクス信号は，余白部分など白点の情報が連続することが特徴である。白や黒の画素が連続することをランといい，ランの長さをランレングスという。

ファクスで使用される，ランの長さを符号化するランレングス符号，ランの長さごとの発生確率を利用したハフマン符号化を学ぶ。

4.2.1　ランレングス符号化

図4.1にファクスの2値画素信号への変換の概念を示す。G3ファクス規格

4. データの圧縮

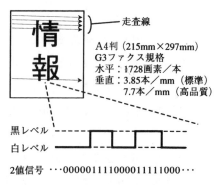

図 4.1 ファクスの画素と 2 値信号列

ではA4判の215mm幅を1728点の画素で水平方向にサンプルする。分解能としては8.0画素/mmになる。垂直方向の走査線数は標準画質で3.85本/mm, 高画質で7.7本/mmの分解能で走査する。

白ランが1000個続く場合, 正直に"0"を連続して1000個（1000ビット）伝送しては効率が悪い。この場合, "0"が1000個続くという長さの情報を送ればよい。例えば, 個数の1000を2進数で表せば"1111101000"と10ビットですむ。このようにランの長さを符号化するものを**ランレングス符号化**（run length encoding）という。

この方法はファクスに限らず, 同じ記号（数値）が連続する可能性が高い数字やテキストデータ, 画像の符号化にも適用されている。映像の圧縮は圧縮率を高めるために全体としては非可逆符号化であるが, 10.3.4項で述べるように可逆符号化であるランレングス符号化が一部使われている。

実際には0～1728の長さのランを64ごとのグループに分けて, ラン長 L を

$$L = 64\,m + t \tag{4.1}$$

と表す。m は**組立符号**（make up code）, t は**終端符号**（terminating code）と呼ばれる。組立符号と終端符号は白と黒について2種類用意する。

4.2.2 MH 符 号 化

ファクスや静止画では組立符号, 終端符号の大きさを2値符号で表現する

が，ある長さのランの発生確率は，長さによって大きく異なることが推測される．確率に片寄りがあれば情報源符号化によって効率良く圧縮できる．すなわち可変長符号により平均符号長を短縮できる．

これには，白および黒のランについて長さの統計を取り，ラン長の発生確率に従ってハフマン符号化を適用する．これを**MH 符号化**（modified Huffman encoding）といい，ファクス特有の基本的な符号化であり，世界的に標準化されて符号帳としてファクス端末が所有している．

MH 符号を付録 4 に示す．短い符号ほど発生する確率が大きく，付表 4.1 の符号長から逆にランの発生確率が想像できる．

ファクスでは上下の走査線の同じ位置にあるドットでは白黒の相関が高い．MH 符号化は 1 本の走査線（水平方向，1 次元）の発生確率を考慮したが，さらに上下の相関を考慮して 2 次元的に符号化する方法も使用されている．この符号化は **MR 符号化**（modified READ（relative element address designate）coding）と呼ばれる．

MR 符号化では，符号化が完了した走査を参照ラインとして，つぎの走査と参照ラインとの変化を符号化する．MR 符号化が続くと，途中で誤った場合，それ以後に誤りが伝搬するため，標準では 2 本ごと，高品質では 4 本ごとにライン単独で符号化する MH 符号化を行う．

MR 符号化はほとんどの G3 機種で，G4 機種では標準で装備されている．

4.3 テキストのデータ圧縮

データファイルの圧縮・解凍には，ランレングス符号化やハフマン符号化も適用できる．ハフマン符号化するためには，全文を一度走査して全記号の発生確率を求めて記号を符号化し，二度目の走査で符号に変換することになり，2 回の走査が必要になる．

記号の発生確率を求めないで，通信文の最初から符号化する手法は**ユニバーサル符号化**と呼ばれ，データ圧縮に一般的に用いられている．

ユニバーサル符号化の代表的なものにジブ（Ziv）とレンペル（Lempel）が提案した**LZ符号化**がある。データ圧縮は，同じ文字が繰り返し出現することに着目し，その文字列自体を送る代わりに繰返しの情報を伝送する。繰り返される文字列は単語として辞書に登録される。同じ単語が現れる頻度が高いほど効率良く圧縮できる。

ここでは，スライド辞書法（LZ 77 符号）と動的辞書法（LZ 78 符号）を例によって解説する。パソコンなどで使用される圧縮ソフトは多くのバリエーションがあるが，ほとんどが LZ 符号化に基づいている。

4.3.1 スライド辞書法

ある文字（記号）の列を入れる参照辞書部，および符号化部のバッファメモリを用意する。符号化部の文字列が参照辞書部に存在する文字列に一致すれば，何個前の文字列の何個まで一致するかを符号化する。

例えば，**図 4.2** に示すような入力文字列を圧縮する。参照辞書部は 5 文字長，符号化部は 3 文字長とする。圧縮の手順も図に示している。

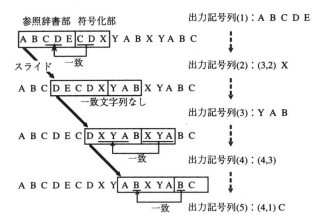

図 4.2 スライド辞書法による圧縮

(1) 初期状態では参照辞書部に入る記号をそのまま出力する。

(2) 最初の検索では，符号化部と同じ記号列 CD が参照辞書部にもあり，符号化部の CD の 3 文字前から 2 文字分が一致する。これを示すため，CD は (3,2) と置き換え出力する。

(3) 検索が済むとつぎの部分に参照辞書部と符号化部をスライドさせる。つぎの検索では一致文字列がないのでそのまま出力する。符号化部の "AB" は文の最初にあるが，スライドしたことによりすでに参照辞書部から出てしまっているので置き換えられない。

(4) 入力がなくなるまで(2)以下のスライド・検索の手順を繰り返す。

実際にはスライドさせる文字数などはもう少し複雑であるが，参照辞書部のバッファの長さが短いと圧縮率が低下する。また，最長の一致文字列を検索するには時間がかかる欠点があるが，単純なアルゴリズムで圧縮でき，アルゴリズムが共通であれば特別な辞書は必要としない。

4.3.2 動的辞書法

スライド辞書法では，参照辞書部から出た文字列は置き換えられないこと，最長の一致文字列を検索するのに時間がかかること，などの欠点があった。動的辞書法はこれらの欠点をなくすため，別に辞書を用意してその辞書と照合を行う。文を調べながら単語の辞書を追加・更新していく方法で，現在の圧縮ソフトの基本であり，よく使われるものに LZW 圧縮がある。

受信側で同じ辞書を持つ必要があり，送信側で完成した辞書の情報を，圧縮した元のデータに付け加えて送信する。辞書が大きくなれば打ち切って新たな単語登録は中止する必要があるが，単語の参照回数を記録しておけば参照が多い単語を残し，ほとんど参照されない単語を捨てるなどの効率化が図れる。

図 4.3 は動的辞書法の例で，入力文字列は図 4.2 と同じである。図には圧縮の手順と終了状態の辞書の内容を示している。辞書は最初はなにも登録されておらず空である。

4. データの圧縮

(a) 入力と出力の記号例
入力記号列：ABCDECDXYABXYABC
↓
出力記号列：(0,A)(0,B)(0,C)(0,D)(0,E)(3,D)(0,X)(0,Y)(1,B)(7,Y)(9,C)

(b) 出力と登録の手順

入力	出力	登録
A	(0,A)	#1 : A
B	(0,B)	#2 : B
C	(0,C)	#3 : C
D	(0,D)	#4 : D
E	(0,E)	#5 : E
CD	(3,D)	#6 : CD
X	(0,X)	#7 : X
Y	(0,Y)	#8 : Y
AB	(1,B)	#9 : AB
XY	(7,Y)	#10 : XY
ABC	(9,C)	#11 : ABC

(c) 辞書の内容(#n：登録番号)

```
#1    #2    #3    #4    #5    #7    #8
A     B     C     D     E     X     Y
 |#9        |#6               |#10
 AB         CD                XY
 |#11
 ABC
```

(n, 記号)：n は辞書の登録番号 #n
0 は辞書への新規登録

図 4.3 動的辞書法による圧縮

(1) 最初の5文字は辞書にないので，辞書参照なしの番号0とその文字を付けて (0,A) などと出力する。文字に番号 #n を付して辞書に登録する。

(2) 6字目のCは辞書にあるので，既登録の#3につぎの1文字を加えて (3,D) と出力する。CDを#3のCの下に#6として登録する。

(3) 上記の手順を繰り返す。

辞書に登録した前出の最長の文字列と一致すれば，その文字列につぎの文字を加えたものを追加登録していく。登録を進めていけばしだいに長い文字列も辞書内の単語に一致していくため，圧縮の効率は向上する。辞書中の最長一致文字列を検索するが，辞書がツリー状に構成できるため時間はかからない。

この方法は文字列が長くなれば，ハフマン符号化のように平均符号長はエントロピーに近づくことが示されている。辞書を用意する必要があるが，以前に出現した文字列をすべて参照することができ，スライド辞書法よりも圧縮率は高くなる。

演 習 問 題　55

　パソコンで扱う静止画像などは非常に多くのカラーの画素（ドット）で構成されている。画素を符号化して並べれば同じ系列が繰り返し現れる。このような場合も，ここで述べた符号化の一種である LZW 圧縮が適用される。

演 習 問 題

4.1　ある情報源では 0, 1 の符号がそれぞれ，0.8, 0.2 の確率で発生するため 0 のランが多い。0 の 3 個までのランを考え，000, 001, 01, 1 をハフマン符号化して各符号を求めよ。

4.2　ファクスの 1 本の走査線中に，白と黒のドットが，白 500, 黒 8, 白 10, 黒 10, 白 1 200 個と並んでいる。MH 符号（付録 4 参照）を求めよ。

4.3　ファクスの MH 符号でつぎの符号列を復号せよ。ただし，最後は EOL が付いているものとする（付録 4 参照）。
"010111100111101101100101101001100000000001"

4.4　スライド辞書法により記号列 "ABACXABYABCXCABCY" を圧縮せよ。参照辞書部の長さを 5 文字，符号化部の長さを 3 文字とする。

4.5　上記の問題 4.4 と同じ記号列を動的辞書法により符号化せよ。

5 通信路符号化

　前章までの情報源符号化（データの圧縮）では，情報源の記号に対応する符号をエントロピー限界まで短縮する．このため符号には冗長度（無駄，余裕）がなくなり，伝送路の雑音により符号"0"と"1"が反転すれば受信側で別の記号に復号されてしまう危険性がある．

　これを防ぐには受信側で誤りを検出できる工夫が必要になる．これには送信側で，情報を担うビット（情報ビット）に加えて情報をもたない余分なビット（冗長ビット）を符号に付加する．高信頼化を目的として誤り検出や誤り訂正を可能にする符号化を**通信路符号化**（channel coding）という．

　伝送路では必ず誤りが存在するため，通信路符号化は必須である．計算機内部のメモリや，最近のマルチメディア通信・記録，ディジタル民生機器や通信・放送に必ず使われている．

　符号の長さ（能率）の観点から見れば，短縮化を目的とする情報源符号化とは相反するが，誤りを検出・訂正するには冗長度を加える必要があり，いかに少ない冗長度で誤りを検出，さらには訂正できるかが通信路符号化（符号理論）の課題になっている．

　本章では，誤りの検出や誤り訂正について，その基本原理，符号のハミング距離などの概念，さらには，誤りなく通信できる限界を与える通信路符号化定理などを学ぶ．

5.1 誤りの発生と制御

5.1.1 誤りの種類

　伝送路や記録装置では，1.5節で述べたように誤りの原因となる各種の要因

が存在するが，これらを総称して雑音と呼ぶ。

ディジタル通信路の品質は**ビット誤り率**（**BER**）で評価される。BER は n bit 送信したうち r bit が誤れば，r/n で与えられる。品質の低い伝送路（例えば，移動無線）では BER $= 10^{-2}$ 程度，高品質な伝送路（例えば光ファイバ）では BER $= 10^{-9}$ 以下程度である。

BER は非常に長いビット系列を測定した結果の平均値であり，同じ BER の値でも発生状況はさまざまである。誤りの続き具合によって，おもにつぎのようなランダム誤りとバースト誤りの2種類に分けられる。

- **ランダム誤り**（random error）：伝送ビット列中で，ばらばらに不規則に発生する誤りで，誤りの数は多くても個々の誤りは連続しない。おもに，波形ひずみや雑音，記録媒体の製造誤差などで生じる。
- **バースト誤り**（burst error）：全体として誤りの数は同じでも，一部に集中して連続的に発生する誤りで，おもに同期（クロック）外れやインパルス性雑音，記録媒体では表面の傷などで生じる。

次章以下で述べる誤り検出・訂正符号には，ランダム誤りに強いものやバースト誤りに強いものがあり，誤りの状況を考慮して使い分ける。また，BER が悪い伝送路や記録装置には強力な符号が必要であり，BER の程度によっても，適用する誤り検出・訂正符号は異なってくる。

5.1.2 誤り制御——ARQ と FEC

受信側で誤りが検出された場合，これに対処し，誤りを訂正する方式を**誤り制御**（error control）という。誤り制御には図 5.1 に示す二つの方式があり，これらは表 4.1 に示したように情報源や圧縮方法とも関連する。

- **再送要求**（**ARQ**, automatic repeat request）：図 5.1(a) に示すように，受信データに誤りがなければ ACK（肯定応答，acknowledge）を送信側に送り返し，つぎのデータの受信に移る。誤りがある場合 NAK（否定応答，negative acknowledge）を返送し，そのデータの再送を要求する。ACK, NAK は付表 1.1 に示される伝送制御記号である。当然，双方向の伝送路

5. 通信路符号化

(a) ARQ（自動再送要求）

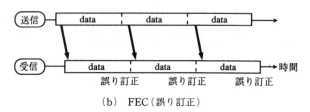

(b) FEC（誤り訂正）

図 5.1　誤り制御の方式（ARQ と FEC）

が必要になる。

　誤りがなくなるまで再送するため非常に高い信頼性が得られるが，処理に時間がかかり，伝送の効率（スループット）は落ちる。

　少しの誤りも許されないテキストやデータ通信など，ディジタル情報源の場合は ARQ が適用される。初期のデータ通信では伝送路での誤りが多く，交換機間の伝送路ごとに ARQ を行うために時間がかかった。近年のデータ通信やインターネットでは，伝送路の光ファイバ化などで誤りが激減したため伝送途中での ARQ は省略し，端末どうしの間で ARQ を行う。

・**誤り訂正**（**FEC**, forward error correction）：大きな冗長度を付加すれば，受信側で誤りの検出だけでなく，正しい符号に訂正できる。すなわち誤り個所も判定できる。図 5.1(b)のように誤り訂正は受信側のみの処理で行う。再送は不要で，片方向のみの伝送でよいが誤って訂正（誤訂正：ごていせい）してしまう危険性もある。

　音声や映像などのアナログ情報では，人間にとって問題にならない少々の誤りは許し，信頼度を若干犠牲にしても，リアルタイム（実時間性）が要求されるものは FEC を適用する。

片方向伝送路である放送や光ディスクの再生では ARQ は適用できず，必然的に FEC になる．

5.2 誤り検出・訂正の原理

5.2.1 符号語と非符号語

情報源の記号に対応する符号を**符号語**（code word）という．記号と符号は1対1対応なので符号語の種類は記号の種類だけある．送信側から送られる符号はすべて符号語である．また，符号語以外の符号を**非符号語**という．

受信側で符号語を受信すれば，たとえ別の符号語から誤ったものであっても，誤りがなく正しい符号を受信したと判断する．したがって，**誤りを検出できる条件は，誤りがあれば受信符号は符号語に一致せず，必ず非符号語になる**ことである．さらに，誤り訂正のためには誤りの有無だけでなく，誤りビットの位置を特定する必要があり，検出よりもさらに大きな冗長度が要求される．

このように誤りを検出・訂正する通信路符号化では，符号語以外に非符号語をもつことが必要になる．非符号語は記号に対応しておらず，情報伝送の観点からは冗長であるが，誤り検出・訂正にはこれが必須である．

誤り検出のための符号を**誤り検出符号**（error detecting code），訂正のための符号を**誤り訂正符号**（ECC, error correcting code）と呼ぶ．各種の符号が提案されており，符号の特徴によって検出または訂正に使用される．

以下では簡単のため，ASCII コードなどのようなすべての記号の符号長が等しい固定長符号（等長符号）を扱う．

情報源記号の種類を 2^k 個とすれば，記号は k ビット長の符号で表せるが，送信に用いる符号は図 5.2 のように，これよりも長い全長が n ビット（$n > k$）の符号とする．このような構成の符号を (n, k) **符号**という．

n ビットのうち情報を担っている k ビットを情報ビットと呼ぶ．残りの $(n-k)$ ビットは冗長ビットであるが，誤りの有無の検査に用いるため**検査ビット**（check bit）と呼ばれる．n ビット長の符号は全部で 2^n 個あり，このうち記号

図 5.2 通信路符号の構成

に割り当てられた符号語は 2^k 個である。それ以外の $(2^n - 2^k)$ 個の符号は非符号語になる。

図 5.2 のように，情報ビットと検査ビットのビット位置が明確に分かれている符号を**組織符号**（systematic code）というが，必ずしも組織符号である必要はなく，これらの位置は入り組んでいてもよい。

全ビット長に含まれる情報ビットの割合は通信路符号化の**符号化率** η，また，$\rho = 1 - \eta$ を**冗長度**と呼ぶ。(n,k) 符号では次式で与えられる。

$$\text{符号化率 } \eta = \frac{k}{n}, \qquad \text{冗長度 } \rho = 1 - \eta = 1 - \frac{k}{n} = \frac{n-k}{n} \qquad (5.1)$$

冗長ビット数 $(n-k)$ を大きくすれば，誤り検出・訂正能力は大きくなるが，符号化率が小さくなり，情報の伝送・蓄積の効率は低下する。

5.2.2 冗長度と誤り検出・訂正能力

簡単な例により，情報に付加する冗長ビット数と誤り検出・訂正能力との関係を見てみよう。情報源から "0" または "1" の情報 1 ビットを送信し，"0"，"1" の発生確率は等しいとする。BER を 10^{-2} 程度とすれば，誤りは符号長の中でたかだか 1 ビットのみである。これらの概念を**図 5.3** に示す。

（1） **冗長が 0 ビットの場合**（図 5.3(a)）　冗長ビットを付加せず，情報ビットのみを送信する $(1,1)$ 符号である。符号語は 0 と 1 で非符号語はない。

伝送路で誤りが生じても受信される符号は 0 または 1 で，どちらも符号語である。したがって，受信側では誤りの有無の判断は不可能であり，**誤り検出は不可能**である。もちろん，誤りの訂正は不可能である。式 (5.1) の符号化率

5.2 誤り検出・訂正の原理

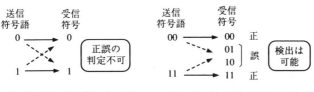

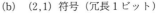

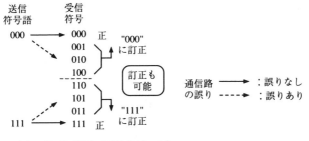

図5.3 冗長度と誤り検出・訂正

η は 100 %であるが，誤り検出・訂正能力はない．

（2） **冗長が1ビットの場合**（図5.3(b)）　冗長ビットを1ビット付加し計2ビットを送信する(2,1)符号で，符号化率 $\eta=1/2=50$ %である．$2^2=4$ 種類できる符号のうち，二つの情報 "0" と "1" を表すのに "00" と "11" の二つを符号語とする．他の符号 "01" と "10" は非符号語である．

送信した符号語が1ビット誤れば，必ず非符号語 "01" または "10" が受信されるので1ビットの誤りの**検出は可能**になる．しかし，どちらの符号語から誤ったかは判断できず**誤りの訂正は不可能**である．

（3） **冗長ビットが2の場合**（図5.3(c)）　冗長ビットを2ビット付加し計3ビットを送信する(3,1)符号で，$\eta=1/3=33$ %である．$2^3=8$ 種類の符号のうち，情報 "0"，"1" の符号語を "000"，"111" とする．他の6種類の符号は非符号語になる．

1ビットまたは2ビットの誤りがある場合，必ず非符号語が受信される．したがって，2ビットまでの**誤り検出が可能**である．

受信された非符号語 "001"，"010"，"100" は，符号語 "000" の3ビットの0の

うちの1個が $0 \rightarrow 1$ に誤ったものと判断できる（1ビット誤りを仮定）．すなわち，"1"を1個のみ含む非符号語を受信したときは，符号語"000"から誤ったものと判定し，正しい符号語"000"に訂正する．同様に，"1"を2個含む非符号語を受信したときは，符号語"111"に訂正する．

この場合は1ビット誤りは**訂正可能**であり，訂正の判定方法から**多数決符号**とも呼ばれる．

上の例のように，符号の冗長度を大きくすれば，誤り検出，さらには誤り訂正能力をもたせることができる．また，誤りビットが多くなれば，さらに冗長ビットを多くする必要がある．

[**例題 5.1**] 伝送路のBERを $p_e = 10^{-2}$ とする．1ビットの情報を伝送するのに冗長ビットを2ビット付加した(3,1)符号を用いて誤り訂正を行う．冗長ビットがない場合に比べてBERはどれだけ改善されるか．誤訂正される場合を誤りとしてBERを計算せよ．ただし，情報の0と1は等確率で発生する．

[**解**] 情報の0を符号000に，1を111と符号化する．誤りが1ビットの場合には正しく訂正されて復号誤りは生じない．誤って復号されるのは，2ビット誤りが生じた場合と，3ビットの誤りにより別の符号語として受信される場合である．

・2ビット誤りが生じた場合：3ビットのうち2ビットが誤る確率は $p_e \times p_e \times (1-p_e)$ である．また，3ビットから2ビット選ぶ組合せは ${}_3C_2 = \dfrac{3!}{2!(3-2)!} = 3$ 通りある．したがって，2ビット誤りの確率はつぎのようになる．

$$3p_e^2(1-p_e)$$

・3ビット誤りが生じた場合：3ビットとも誤る確率は p_e^3 で1通りなので，この確率は p_e^3 である．

・復号誤りの確率は上記の和になる．ここでは情報の1または0の片方について考えた．両方考えれば2倍になるが，それぞれの発生確率が1/2であるから，結局，片方で考えたものと同じ値になる．

$$P = 3p_e^2(1-p_e) + p_e^3 \approx 3p_e^2 \quad (\because p_e \ll 1)$$

・冗長ビットを付加しない場合のBERは $p_e = 10^{-2}$ であったが，(3,1)符号にして誤り訂正するとBERを $p = 3 \times 10^{-4}$ に小さくできる．

上の例題と同様に単純な場合について，元の(1,1)符号に冗長ビットを付加した場合のBER改善の効果を**図5.4**に示す．誤り訂正は全ビット数 n が奇数

5.2 誤り検出・訂正の原理　63

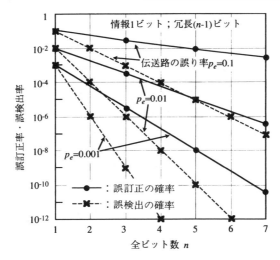

図 5.4　冗長ビットによる BER 改善の効果

の場合である。図には誤り検出の効果も示している。

5.2.3　符号化の利得

通信システムの誤りの程度は，信号電力対雑音電力比（SN 比），あるいは情報信号を運ぶ搬送波の電力対雑音電力比（CN 比）に対する BER によって評価する（8.3 節参照）。この特性の概要を**図 5.5** に示す。横軸は CN 比で，搬送

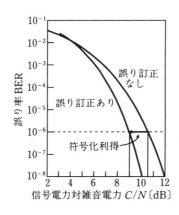

図 5.5　符号化による利得

波（信号電力）が大きく（雑音が小さく）なってCN比が大きくなれば，急激にBERが小さくなる様子を示している。

通信路符号化により誤り訂正をかけた場合，同じCN比に対してもBERの値を改善できる。これは送信電力の増加，あるいは，受信雑音の低減に相当する。誤り訂正を行えば，同じBERの値を確保するに必要なCN比は小さくてすむ。これを**符号化利得**という。ハードウェア的な限界を通信路符号化によりソフトウェア的に改善することが可能である。

5.3 ハミング距離

前節で見たように，符号語の間で0，1の個数と並び方に違いがあるほど誤りの検出，さらに訂正が可能になる。本節では，二つの符号間の違いを数値的に表す量としてハミング距離を説明する。まず，符号の演算を学んだ後，ハミング距離を定義し，ハミング距離と誤り検出・訂正能力との関係を調べる。

5.3.1 2元符号の演算

誤り検出・訂正符号などを数学的，統一的に検討するには，符号間の演算を使用するので演算公式をまとめておく。

2元符号の集合では，要素（元）は0と1の2種類であり，基本的には2進数の演算を用いる。ただし，通常の2進数の計算ではけた上がりを考えるが，符号演算では各ビットが独立であるからけた上がりを考えない。すなわち，つぎのような**排他的論理和**（exclusive OR, **XOR**）になる。

$$0 \oplus 0 = 0 \quad 0 \oplus 1 = 1 \quad 1 \oplus 0 = 1 \quad 1 \oplus 1 = 0 \qquad (5.2)$$

これは2を法とする演算，あるいはモジュロ2（mod 2）の演算とも呼ばれる。第4式から，mod 2の演算では-1は$+1$と同じなので

$$-1 = +1 \pmod 2 \quad \therefore \quad \text{減算は加算と同じ} \tag{5.3}$$

となり,計算は簡単になる。乗算や除算は通常の演算と同じである。

符号の演算では,符号をベクトル表示すると便利である。それには符号の各ビットを符号ベクトルの成分と考えて長さ n ビットの符号 a を $(a_1, a_2, \cdots, a_n)$ と表す。ここで,各要素 $a_i (i=1, 2, \cdots, n)$ は 0 または 1 である。ベクトルを太字で表し,符号 a の n 次元符号ベクトル $\boldsymbol{a}$ をつぎのように表示する。

$$\boldsymbol{a} = (a_1, a_2, \cdots, a_n) \tag{5.4}$$

二つの符号 $\boldsymbol{a}$ と $\boldsymbol{b}$ の加算は,ベクトル演算と同様に各成分どうしの XOR により次式のように与えられる。

$$\boldsymbol{a} \oplus \boldsymbol{b} = (a_1 \oplus b_1, a_2 \oplus b_2, \cdots, a_n \oplus b_n) \tag{5.5}$$

5.3.2 符号間のハミング距離

二つの符号間の異なる程度を距離に対応させて,符号間の距離により誤り検出・訂正能力を考えよう。符号間の距離を**ハミング距離**(Hamming distance)と呼び,つぎのように定義する。

- 二つの符号間のハミング距離は,同じ位置にあるビットを比較し,"0","1" が異なっている個所(けた)の個数

二つの符号 $\boldsymbol{a}$ と $\boldsymbol{b}$ 間のハミング距離 d_H を式で表せばつぎのようになる。

$$d_H = d_H(\boldsymbol{a}, \boldsymbol{b}) = \sum_{i=1}^{n} (a_i \oplus b_i) \tag{5.6}$$

上式の $\sum$ は XOR ではなく通常の加算である。式 (5.2) からわかるように第 i ビットの a_i と b_i との間で 0 と 1 が異なっていれば,XOR は 1 になり,$\sum$ で XOR が 1 となるビットの個数を数える。ハミング距離は 0 または正の整数であり,同じ符号であれば距離は 0 となる。

誤り検出・訂正の能力を考える場合,符号語間のハミング距離が問題になる。ハミング距離はすべての符号語間で計算されて種々異なるが,そのうち誤

りの危険性が最も高い最小のハミング距離が問題になる。これをその符号全体の**最小ハミング距離**，あるいは単に**ハミング距離**や**最小距離**という。

ある符号の**誤り検出・訂正能力は最小ハミング距離によって判断できる**。通信路符号化では，限られた符号長の中で，符号語間の最小ハミング距離をいかに大きく設計するかが課題である。

5.3.3 符号誤りの表現

符号中の，あるビットに誤りを与える雑音のベクトル表示を考えよう。式(5.2)を見れば，ビットを$0 \rightarrow 1$または$1 \rightarrow 0$に変えるのは1を加えた場合で，0を加えてもビット値は変わらない。したがって，あるビット位置の値を変えてしまう雑音は，そのビット位置が1で他は0の要素をもつ符号ベクトルで表せる。

誤りをこのようにベクトル表示したものを**誤りパターン**（error pattern）という。これをeと書けば，$e_i = 0$または1として次式で表せる。

$$e = (e_1, e_2, \cdots, e_n) \tag{5.7}$$

誤り（雑音）がない場合はすべてのビットが0で，1ビット誤りを与える雑音はe_iのうち一つの要素が1，それ以外は0である。t個のビット誤りを与える雑音はeの中にt個の1のビットをもつ。

符号の中にある1の個数を，その符号の**ハミング重み**（Hamming weight）という。例えば，誤りパターンのハミング重みw_Hは次式で与えられる。

$$\boxed{w_H = w_H(e) = \sum_{i=1}^{n} e_i} \tag{5.8}$$

上式の$\sum$は通常の加算である。tビット誤りの雑音のハミング重みはtである。すべての要素が0である符号（ベクトル）を次式で表せば

$$\boldsymbol{0} = (0, 0, \cdots, 0) \tag{5.9}$$

符号$\boldsymbol{a}$のハミング重みw_Hは，$\boldsymbol{0}$ベクトルと$\boldsymbol{a}$のハミング距離d_Hに等しい。

$$w_H(\boldsymbol{a}) = d_H(\boldsymbol{0}, \boldsymbol{a}) \tag{5.10}$$

5.3 ハミング距離

送信符号 a に伝送路の雑音が加わった場合,受信される符号 a' は誤りパターン e を用いてつぎのように表現できる.

$$a' = (a'_1, a'_2, \cdots, a'_n) = a \oplus e = (a_1 \oplus e_1, a_2 \oplus e_2, \cdots, a_n \oplus e_n) \tag{5.11}$$

受信符号は,送信符号(符号語)と e_i が 1 の個所だけ変化し,その個数だけ誤りを生じる.変化するビットの個数だけ受信符号と送信符号とのハミング距離が大きくなり,この距離は誤りパターンのハミング重みに等しい.

$$d_H(a, a') = w_H(e) \tag{5.12}$$

これから,受信符号に t ビット誤りが生じれば,**送信符号語からハミング距離が t だけ変化する**.伝送路において,雑音により符号に誤りが加算されるイメージを**図**5.6に示す.

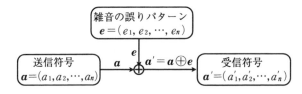

図 5.6 伝送路での雑音の加算

5.3.4 符 号 空 間

ハミング距離を直観的に理解するため幾何学的に表現し,ハミング距離と符号の誤り検出・訂正能力を考察しよう.符号を幾何学的な空間の座標点に対応させたものを**符号空間**という.

図5.3と同様に,情報を 1 ビットとしてこれに冗長ビットを 0,1,2 ビット付加する場合の例で符号空間を説明する.**図**5.7に示すように,符号空間では n ビット長の符号は n 次元の立方体で表され,2^n 個の符号を立方体の頂点に割り当てる.立方体の辺(稜)の長さはハミング距離 1 を表し,ハミング距離は辺(稜)に沿った距離で計算する.

図中の○の頂点は符号語(送信符号)で,その他の●は非符号語である.符号語に t ビット誤りが生じれば,受信符号はその符号語からハミング距離が t

68   5. 通信路符号化

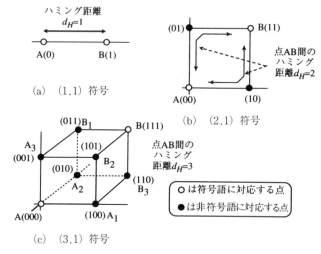

図 5.7 符号空間とハミング距離

だけ離れた頂点の符号に移動する．なお，符号のハミング重みは，原点からその符号点までのハミング距離に等しい（式 (5.10) 参照）．

（1）**(1,1)符号**（図 5.7(a)）　ハミング距離 1 の線分で表現できる．符号は 0 と 1 の 2 点のみで，二つとも符号語（○印）である．これを "0"（A 点）と "1"（B 点）に割り当てるが，最小ハミング距離は 1 である

1 ビット誤りがあれば，距離 1 だけ離れた隣の点に移動し，その点が別の符号語であるため誤りを検出できない．ハミング距離 $d_H=1$ では訂正はもちろん，誤り検出も不可能である．

（2）**(2,1)符号**（図 5.7(b)）　符号空間はハミング距離 d_H が 1×1 の平面で，2 ビットの符号 4 個を正方形の 4 隅の座標点に対応させる．原点と対角線の位置にある "00" と "11" の 2 点を符号語に割り当てる（点 A，B）．非符号語点（●印）が符号語点 A，B の間にある．この符号の最小ハミング距離は $d_H=2$ となる．

1 ビット誤りが生じて符号語の点が $d_H=1$ だけ移動しても，そこは非符号語であるから誤りを検出できる．しかし，●の点は二つの○の点から等距離 $d_H=1$ にあり，どちらの符号語から移動してきたかは判定できず，訂正は不可

能である。

また，2ビット誤りが生じた場合，符号点は距離 $d_H=2$ だけ辺に沿って移動し，他方の符号語点に重なってしまい誤りは検出できない。

（3） **(3,1)符号**（図5.7(c)）　3ビットの符号空間は $1\times1\times1$ の立方体で，$2^3=8$ 個の符号点を各頂点の座標点に対応させる。原点と対角位置にある "000" と "111" の2点を符号語に割り当てる（点A，B）。符号語をこのように選べば，この符号の最小ハミング距離は $d_H=3$ になる。

非符号語●の6点は，符号語○からの距離により，点Aから $d_H=1$ の点（A_i 点）と，点Bから $d_H=1$ の点（B_i 点）の2種類に分けられる。

1ビット誤りにより符号点が $d_H=1$ だけ移動したとき，点Aは点 A_i へ，点Bは点 B_i へ移る。点 A_i，点 B_i はそれぞれ点A，点Bに近い距離にあるため，元の符号語の点に戻すことができ，誤り訂正可能である。

また，2ビット誤りが生じた場合，符号点が距離 $d_H=2$ だけ移動するが，そこも非符号語であり，2ビット誤りまで検出できる。しかし，距離は別の符号語に近くなり，近いほうの符号語の点に訂正すれば誤って復号することになり，2ビットの誤りは訂正不可能である。また，3ビット誤りでは他の符号語点に移動し，誤りが検出できない。

符号空間で考えれば，誤り検出・訂正の能力を高めるには，符号語間のハミング距離をできるだけ離す必要があることがわかる。符号空間は直観的に理解しやすいが，4ビット以上では4次元空間以上になる。この場合でも図的には解けないが幾何学的な知識により計算できる。

5.4　誤り検出・訂正能力

ハミング距離と誤り検出・訂正能力との関係を一般的に調べよう。符号のハミング距離が与えられた場合，何ビットまでの誤りを検出，あるいは訂正できるかを示す。

5.4.1 符号空間と符号語の領域

図 5.8 は (n, k) 符号の n 次元の符号空間を平面上に示したもので，この中に○印の符号語が 2^k 個，●印の非符号語が $2^n - 2^k$ 個ある．符号語どうしは互いにできるだけ離して選ぶが，最小ハミング距離 d_H の符号語間に着目する．

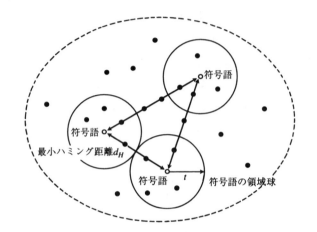

図 5.8 符号空間と符号語の領域

符号語からハミング距離 d の等距離にある符号点は半径 d の n 次元の超球面上の点になり，図中の円はこの球を表している．t ビット以下の誤りは，その符号語を中心とする半径 t の球内の符号点に移る．誤りに対して，符号語はある半径をもつ球状の領域をもつと考えられる．

したがって，誤りを検出できる条件は，各符号語を中心とする球内に他の符号語を含まないことである．また，誤りを訂正できる条件は，各球が互いに重なり合わないことである．

5.4.2 誤りの検出

図 5.9 は，図 5.8 で最小ハミング距離 d_H の部分を直線状に示したものである．符号語（○印）の間の距離が d_H で，途中の非符号語点（●印）はおのおの距離 1 ずつ離れている．

左の符号語に t ビットの誤りが生じれば距離 t だけ右の点に移動する．d_H ビット誤りが生じれば，右の符号語に移るため誤り検出は不可能になる．した

5.4 誤り検出・訂正能力

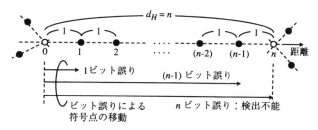

図 5.9 ハミング距離と誤り検出

がって，(最小) ハミング距離が d_H の符号系は，(d_H-1) ビット以下の誤りならば検出可能である。

5.4.3 誤りの訂正

誤り訂正は，誤りにより符号語以外の点に符号が移動したときに，その点から最も近い符号語点に戻すことである。二つの符号語点のちょうど中間に符号点がある場合，符号語との距離は等しく訂正できないため，ハミング距離 d_H が奇数か偶数かで分ける。

・距離 d_H が奇数 (**図 5.10(a)**)：奇数の d_H を自然数 m により，$d_H=2m-1$ と置く ($m=1,2,\cdots$)。二つの符号語の中間点に符号点がないので，すべての非符号語の点は距離が近いほうの符号語に戻される。したがって $(m-1)$ ビット以下の誤りであれば訂正可能である。m ビット以上の誤りでは中間点を超えて他方の符号語に近くなり，誤訂正されるので訂正不可である。

・距離 d_H が偶数 (図 5.10(b))：偶数の d_H を自然数 m により，$d_H=2m$ と置く ($m=1,2,\cdots$)。二つの符号語の中間点に符号点が存在し，この点だけは両符号語と距離が等しいので戻せない。これ以外の符号点は距離が近いほうの符号語に戻される。やはり $(m-1)$ ビット以下の誤りであれば訂正可能である。

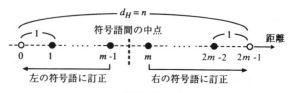

(a) $d_H = n$ が奇数の場合 ($n = 2m - 1$)

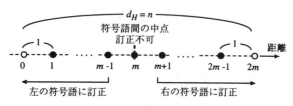

(b) $d_H = n$ が偶数の場合 ($n = 2m$)

○：符号語　●：非符号語

図 5.10　ハミング距離と誤り訂正

5.4.4　ハミング距離と誤り検出・訂正

誤り検出・訂正の能力とハミング距離 d_H の関係について，前項の結果をまとめればつぎのようになる．

（最小）ハミング距離が $d_H = n$ の符号に対し

誤り検出：

　　　　$(n-1)$ ビットまでの誤りを検出可能　　　　　　　　　　(5.13 a)

誤り訂正：

　　（イ）　n が奇数 $n = 2m - 1 (m = 1, 2, \cdots)$ のとき：

　　　　$(m-1)$ ビットまでの誤りを訂正可能　　　　　　　　　　(5.14 a)

　　（ロ）　n が偶数 $n = 2m (m = 1, 2, \cdots)$ のとき：

　　　　$(m-1)$ ビットまでの誤りを訂正可能　　　　　　　　　　(5.14 b)

誤り訂正で，d_H の奇数・偶数を統一的に表示するにはガウスの記号を用いる．ガウスの記号 $[x]$ は x を超えない（x 以下の）最大の整数で定義される．

ただし，ここでは x が負の場合は $[x]=0$ とする．この表記法により，上記の誤り検出・訂正能力はつぎのように d_H で直接表せる．

（最小）ハミング距離が d_H の符号に対し

誤り検出：(d_H-1) ビットまでの誤りを検出可能 　　　　　(5.13 b)

誤り訂正：$\left[\dfrac{d_H-1}{2}\right]$ ビットまでの誤りを訂正可能 　　　　(5.14 c)

逆に，t ビット誤りの検出・訂正には次式のハミング距離 d_H が必要である．

　　誤り検出：$d_H \geq t+1$ 　　　　　　　　　　　　　　　(5.15)

　　誤り訂正：$d_H \geq 2t+1$ 　　　　　　　　　　　　　　(5.16)

実際には何ビット誤るかは予測できないので，ハミング距離が近い点に訂正できるのは誤りビットが少ない場合に限られる．誤訂正の危険性を考慮して，誤り訂正能力の限界までは訂正を行わず，訂正はハミング距離が小さい非符号語の範囲までに限り，それ以上の距離の非符号語については検出のみにとどめることも行われる．

5.5　伝送できる情報量

誤りがある通信路では，どれだけの情報量を伝送できるだろうか．2章では情報量が確率と関係することを学んだが，本節では，誤りの確率で通信路をモデル化し，送受信相互の確率から伝送できる情報量を調べる．

5.5.1　通信路の確率モデル

一般的に記号単位で誤りを考える．送信する記号の種類を n 種類，受信される記号を m 種類とする．誤りにより途中で記号が消失したり，送信していない記号が受信されたりするので，一般的に $n \neq m$ としておく．

n 個の送信記号を $x_1, x_2, \cdots, x_n$ とし，記号全体を $X=\{x_1, x_2, \cdots, x_n\}$ で表す．同様に受信記号を $Y=\{y_1, y_2, \cdots, y_m\}$ とする．**図 5.11** は，通信路での送信記号

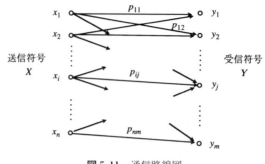

図5.11 通信路線図

Xと受信記号Yの関係を一般的に示したもので**通信路線図**（channel diagram）と呼ばれる。経路に付けた確率p_{ij}は，送信記号x_iが受信記号y_jとして受信される確率である。

通信路の特性を表す図5.11の誤り確率の関係は，確率を要素とする$n \times m$の**通信路行列**（channel matrix）により表せる。

$$P = \begin{bmatrix} p_{11} & p_{12} & \cdots & p_{1m} \\ p_{21} & p_{22} & \cdots & p_{2m} \\ \vdots & & \ddots & \\ p_{n1} & p_{n2} & \cdots & p_{nm} \end{bmatrix} \tag{5.17}$$

i行j列の要素確率p_{ij}は，記号x_iを送信した場合に記号y_jが受信される確率である。数学的には，x_iを送信したという条件のもとでy_jが受信される**条件付き確率**$P(y_j|x_i)$でつぎのように表現される。

$$p_{ij} = P(y_j|x_i) \tag{5.18}$$

情報伝送で問題となるのは，逆に，受信記号y_jから送信記号x_iを推定することである。y_jを受信したという条件のもとでx_iが送信されたという条件付き確率$P(x_i|y_j)$はどのように表せるだろうか。

これはx_iとy_jが同時に起こる確率である**結合確率**$P(x_i, y_j)$によって結び付けられる。結合確率は，単独の確率と条件付き確率によりつぎのように表せる。

$$P(x_i, y_j) = P(x_i)P(y_j|x_i) = P(y_j)P(x_i|y_j) \tag{5.19}$$

5.5 伝送できる情報量

したがって，求める条件付き確率 $P(x_i|y_j)$ はつぎのように表せる。

$$P(x_i|y_j) = \frac{P(x_i, y_j)}{P(y_j)} \tag{5.20}$$

分子の結合確率 $P(x_i, y_j)$ は，式 (5.19) の左側の式を用いて求められる。

$$P(x_i, y_j) = P(x_i)P(y_j|x_i) \tag{5.21}$$

分母の $P(y_j)$ は，記号 y_j が受信される確率であり，送信記号 x_i の n 個すべてから y_j として受信される確率であるから次式で計算できる。

$$P(y_j) = \sum_{i=1}^{n} P(x_i)P(y_j|x_i) \tag{5.22}$$

$P(x_i)$ は情報源記号の発生確率で，記号を受信する前に既知であり，**事前確率** (a priori probability) という。一方，$P(x_i|y_j)$ は，y_j を受信したという条件のもとでの送信記号の発生確率で**事後確率** (a posteriori probability) という。

上記の一般的な通信路のうち最も基本的で重要な通信路は**2元対称通信路**（**BSC**, binary symmetric channel）である。これは記号としては送受信とも 0 と 1 の 2 元符号で，誤り確率が互いに等しく $p_{ij}=p_{ji}$ となる通信路である。このような例はすでに 5.2.2 項（図 5.3 参照）で扱った。

BSC の通信路線図は図 **5.12**(a) のようになり，符号が誤る確率を p_e，誤らない確率を $(1-p_e)$ としている。送信符号（記号）は $X=\{x_1, x_2\}=\{0,1\}$，受信符号は $Y=\{y_1, y_2\}=\{0,1\}$ である。

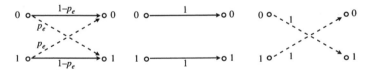

(a) 符号誤り率 p_e の BSC　(b) 符号誤り率 0 の BSC　(c) 符号誤り率 1 の BSC

図 **5.12**　2 元対称通信路（BSC）

通信路行列は 2×2 で，次式で与えられる。

$$P = \begin{bmatrix} P(0|0) & P(1|0) \\ P(0|1) & P(1|1) \end{bmatrix} = \begin{bmatrix} 1-p_e & p_e \\ p_e & 1-p_e \end{bmatrix} \tag{5.23}$$

誤りがない通信路（$p_e=0$）の通信路行列はつぎのようになり，その通信路

線図は図5.12(b)で示される。

$$P = \begin{bmatrix} 1 & 0 \\ 0 & 1 \end{bmatrix} \tag{5.24}$$

また，必ず誤る通信路（$p_e=1$）では，通信路行列はつぎのようになり，その通信路線図は図5.12(c)で示される。

$$P = \begin{bmatrix} 0 & 1 \\ 1 & 0 \end{bmatrix} \tag{5.25}$$

この場合，必ず送信符号と逆の符号が受信されるので，誤りがない通信路と同等になる。

[**例題 5.2**] 2元対称通信路の各種確率

BSCの誤り確率をp，送信符号x_iの発生確率$P(x_i)$を$\{P(0), P(1)\} = \{r, 1-r\}$とする。この場合の結合確率$P(x_i,y_j)$，受信符号$y_j$の確率$P(y_j)$，および事後確率$P(x_i|y_j)$を求めよ。また，0，1の送信符号の発生確率が等しく，$r=1/2$の場合はどうなるか。

[**解**] 式(5.21)で与えられる条件付き確率$P(y_j|x_i)$を用いて計算する。

(1) 結合確率$P(x_i,y_j)$は$P(0,0)$，$P(0,1)$，$P(1,0)$，$P(1,1)$の4種類を式(5.21)により求める。

$$P(0,0) = P(0)P(0|0) = r(1-p), \quad P(0,1) = P(0)P(1|0) = rp$$
$$P(1,0) = P(1)P(0|1) = (1-r)p, \quad P(1,1) = P(1)P(1|1) = (1-r)(1-p)$$

(2) 受信符号y_jの確率は$P(0)$，$P(1)$の2種類を式(5.22)により計算する。

$$P(0) = P(0)P(0|0) + P(1)P(0|1) = r(1-p) + (1-r)p$$
$$P(1) = P(0)P(1|0) + P(1)P(1|1) = rp + (1-r)(1-p)$$

必ず0か1を受信するから，当然$P(0)+P(1)=1$になっている。

(3) 事後確率$P(x_i|y_j)$は$P(0|0)$，$P(1|0)$，$P(0|1)$，$P(1|1)$の4種類で，上で求めた確率と式(5.20)から計算できる。

$$P(0|0) = \frac{P(0,0)}{P(0)} = \frac{r(1-p)}{r(1-p)+(1-r)p}$$

$$P(1|0) = \frac{P(1,0)}{P(0)} = \frac{(1-r)p}{r(1-p)+(1-r)p}$$

$$P(0|1) = \frac{P(0,1)}{P(1)} = \frac{rp}{rp+(1-r)(1-p)}$$

5.5 伝送できる情報量　77

$$P(1|1) = \frac{P(1,1)}{P(1)} = \frac{(1-r)(1-p)}{rp+(1-r)(1-p)}$$

送信符号の発生確率が等しい（$r=1/2$）場合は，符号 0, 1 の受信確率も等しく $P(0) = P(1) = 1/2$ となる。事後確率は $P(0|0) = P(1|1) = (1-p)$，$P(1|0) = P(0|1) = p$ となり，受信側から見ても対称な通信路になる。

5.5.2 相互情報量

上で求めた送信と受信される記号の確率から，通信路を通して受信側に伝送される情報量を求めよう。通信路に誤りがなければ直ちに受信符号そのものが送信されたと確定できるが，誤りがあれば送信記号をある確率でしか決定できず，いくらかの情報量が失われる。

2 章で情報量は記号の発生確率で定義されることを学んだ。式 (2.8) で示したように情報量は一般的に次式の形で与えられる。

$$情報量 = \log_2 \left[\frac{事後確率}{事前確率} \right] \quad 〔ビット〕 \tag{5.26}$$

通信路を通した場合にも，受信側で得られる情報量は事前確率と事後確率から求められる。事前確率は送信符号 x_i の発生確率 $P(x_i)$ であり，事後確率は，符号 y_j を受信したという条件のもとで x_i が送信されたという条件付き確率 $P(x_i|y_j)$ であり，式 (5.20) で与えられる。したがって x_i と y_j を送受信した場合に得られる個々の情報量はつぎのように表せる。

$$x_i と y_j に関する情報量 = \log_2 \left[\frac{P(x_i|y_j)}{P(x_i)} \right] \quad 〔ビット〕 \tag{5.27}$$

これが送信と受信相互間の情報量である。2 章で述べたように，一般的な特性を知るには，個々の事象に関する情報量である自己情報量よりもそれを平均した情報量であるエントロピーが重要である。ここでも上式の情報量をすべての記号 x_i と y_j について平均した情報量を**相互情報量**（mutual information）と定義し $I(X;Y)$ で表す。$I(X;Y)$ は，式 (5.27) を x_i と y_j の結合確率 $P(x_i,y_j)$ で重み付けした平均値として得られる。

$$I(X;Y) = \sum_{i=1}^{n} \sum_{j=1}^{m} P(x_i, y_j) \log_2\left[\frac{P(x_i|y_j)}{P(x_i)}\right]$$

$$= \sum_{i=1}^{n} \sum_{j=1}^{m} P(x_i, y_j) \log_2 P(x_i|y_j) - \sum_{i=1}^{n} \sum_{j=1}^{m} P(x_i, y_j) \log_2 P(x_i)$$

(5.28)

単位は1記号当りの情報量であるから〔ビット/記号〕である。

右辺第2項は，$\sum_{i=1}^{n} \sum_{j=1}^{m} P(x_i, y_j) = \sum_{i=1}^{n} P(x_i)$ であるからつぎのようになる。

$$-\sum_{i=1}^{n} \sum_{j=1}^{m} P(x_i, y_j) \log_2 P(x_i) = -\sum_{i=1}^{n} P(x_i) \log_2 P(x_i) = H(X) \quad (5.29)$$

最後の項は，エントロピーの式（2.12）と同じ形で，送信記号の発生確率で決まるエントロピー $H(X)$ になる。$H(X)$ を**事前エントロピー**と呼ぶ。

右辺第1項は，式（5.19）から

$$\sum_{i=1}^{n} \sum_{j=1}^{m} P(x_i, y_j) = \sum_{i=1}^{n} \sum_{j=1}^{m} P(y_j) P(x_i|y_j)$$

と変形して

$$\sum_{i=1}^{n} \sum_{j=1}^{m} P(x_i, y_j) \log_2 P(x_i|y_j) = \sum_{i=1}^{n} \sum_{j=1}^{m} P(y_j) P(x_i|y_j) \log_2 P(x_i|y_j)$$

$$= -H(X|Y) \quad (5.30)$$

と表せる。最後の項は，式の形から事後確率 $P(x_i|y_j)$ に対するエントロピーと考えられる。これを $H(X|Y)$ と表し，**事後エントロピー**と呼ぶ。

したがって，相互情報量 $I(X;Y)$ は，事前エントロピー $H(X)$ と事後エントロピー $H(X|Y)$ との差として表せる。

$$\boxed{I(X;Y) = H(X) - H(X|Y) \quad \text{〔ビット/記号〕}} \quad (5.31)$$

相互情報量 $I(X;Y)$ は受信側に伝送される情報量であり，$H(X)$ は送信源の発生する情報量であるから，$H(X|Y)$ は通信路の誤りで失われる情報量と解釈できる。この関係は，**図5.13**のように示される。

通信路に誤りがなければ事後エントロピーは $H(X|Y) = 0$ となり，送信源の情報量がそのまま受信側で得られる。$H(X|Y)$ は，ある記号を受信してもそれと同じ記号が送信されたと確定できない「あいまいさ」を表す量で，事後エン

5.5 伝送できる情報量

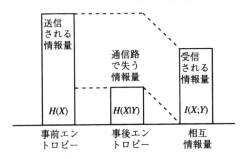

図 5.13 受信される情報量

トロピーの分だけ情報が少なくなる。

式 (5.28) を確率の関係によって変形すれば，$I(X;Y)$ は送信 X，受信 Y に関して対称になることがわかる。

$$I(X;Y) = I(Y;X) = H(X) - H(X|Y) = H(Y) - H(Y|X) \tag{5.32}$$

[**例題 5.3**] 2元対称通信路の相互情報量

[例題 5.2] と同じ確率をもつ BSC の相互情報量を求めよ。また，送信符号 0，1 の発生確率が $r = 1/2$ のとき，相互情報量と通信路の誤り確率 p との関係を図示せよ。

[**解**] まず，事前エントロピー $H(X)$ は式 (5.29) から，送信符号 0，1 の発生確率 $P(0) = r$，$P(1) = 1 - r$ を用いて計算できるが，これは式 (2.13) のエントロピー関数 $H_f(\ )$ と同じ形で与えられる。

$$H(X) = H_f(r) = -r \log_2 r - (1-r) \log_2 (1-r) \tag{5.33}$$

つぎに，$H(X|Y)$ は，式 (5.30) と [例題 5.2] の結果を用いてつぎのようになる。

$$\begin{aligned}
H(X|Y) &= -P(0,0) \log_2 P(0|0) - P(1,0) \log_2 P(1|0) \\
&\quad - P(0,1) \log_2 P(0|1) - P(1,1) \log_2 P(1|1) \\
&= -r(1-p) \log_2 \frac{r(1-p)}{r(1-p) + (1-r)p} \\
&\quad - (1-r)p \log_2 \frac{(1-r)p}{r(1-p) + (1-r)p} \\
&\quad - rp \log_2 \frac{rp}{rp + (1-r)(1-p)}
\end{aligned}$$

$$-(1-r)(1-p)\log_2\frac{(1-r)(1-p)}{rp+(1-r)(1-p)}$$

複雑であるが，確率 r と p のみの項に分けて計算を進めれば，結局，つぎのようにエントロピー関数 $H_f(\ )$ で表せる．

$$H(X|Y) = H_f(r) + H_f(p) - H_f(r+p-2rp) \tag{5.34}$$

上式で誤りがない（$p=0$）とすれば $H(X|Y)=0$ となり，通信路で情報量は失われないことがわかる．また，必ず誤る場合（$p=1$）も $H(X|Y)=0$ となり，情報量は失われない．ここで，エントロピー関数の性質から $H_f(0) = H_f(1) = 0$, $H_f(1-r) = H_f(r)$ である．

相互情報量は式 (5.33)，(5.34) を式 (5.31) に代入してつぎのようになる．

$$I(X;Y) = H_f(r+p-2rp) - H_f(p) \tag{5.35}$$

$r=1/2$ のとき，式 (5.33) の事前エントロピーは最大で $H(X)=1$ になる．式 (5.34) の事後エントロピー $H(X|Y)$ はつぎのように通信路の誤り率だけで与えられる．

$$H(X|Y) = H_f(p) \tag{5.36}$$

したがって，$r=1/2$ のときの相互情報量はつぎのように求められる．

$$I(X;Y) = H(X) - H(X|Y) = 1 - H_f(p)$$

誤り率 p に対する $I(X;Y)$ の変化を図 5.14 に示す．相互情報量は $p=0$（誤りがない場合）および $p=1$（必ず逆符号に誤る場合）のときに最大で，情報源のもつ最大エントロピー 1 を伝送できる．また，相互情報量は $p=1/2$ のときに最小値 0 で情報は伝送されない．$p=1/2$ では満遍なく誤るため，受信符号から送信符号をまったく推定できず，情報の伝送量は 0 になる．

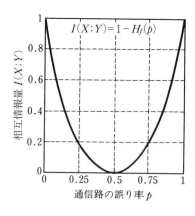

図 5.14　誤り率と相互情報量の関係

5.5.3 通信路容量

誤りのある通信路を伝送できる情報量は相互情報量 $I(X;Y)$ で与えられることを知った。$I(X;Y)$ には通信路の誤り確率 $P(y_j|x_i)$ のみならず，送信源記号の発生確率 $P(x_i)$ も含まれている。したがって，相互情報量は通信路固有の特性だけでなく送信情報源の特性によっても変化する量である。

情報源によらず，通信路だけの特性で決まる情報の伝送量として**通信路容量**（channel capacity）がある。通信路容量 C は次式で定義され，情報源によらず通信路を伝送できる情報量の最大値である。

$$C = \max_{P(X)} I(X;Y) = \max_{P(X)} \{H(X) - H(X|Y)\} \quad 〔ビット／記号〕 \tag{5.37}$$

max は，情報源記号の発生確率分布 $P(x_i)$ として理想的なものを考え，自由に変化させた場合の $I(X;Y)$ の最大値を示している。したがって，C は実際に接続する情報源によらない通信路固有の最大情報伝送量を与える。

[**例題** 5.4] 2元対称通信路の通信路容量

[例題 5.2，5.3] と同じ BSC の通信路容量を求めよ。

[**解**] BSC の相互情報量は式（5.35）で与えられる。

$$I(X;Y) = H_f(r + p - 2rp) - H_f(p)$$

この式で情報源の符号 0，1 の発生確率 r を変化させて $I(X;Y)$ の最大値を求める。右辺の第2項は通信路の誤り率 p のみの関数であるから第1項を最大にすればよい。エントロピー関数の最大値は $H_f(1/2) = 1$ であるが，ちょうど $r = 1/2$ のとき p にかかわらず $r + p - 2r = 1/2$ となり最大値1になる。したがって，通信路容量 C は次式になる。

$$C = 1 - H_f(p) \tag{5.38}$$

これは [例題 5.3] の $r = 1/2$ のときと同じである。p に対する C の変化は図 5.14 とまったく同じように示される。

5.6 通信路符号化定理

通信路における誤りを小さくするためには，誤り訂正に必要な冗長ビットの数を増加するが，このため符号化の効率あるいは情報伝送の効率が限りなく低下するように思われる。この場合，通信路容量は達成できるのだろうか。

本節では，通信路容量の意義を明確にし，通信路容量以下では，誤りを限りなく小さくできることを学ぶ。

5.6.1 伝送速度と通信路容量

5.2節で述べたように，訂正能力を上げて誤りを小さくするには冗長ビットを増加する必要がある。全ビット数 n，情報ビット数 k の (n,k) 符号では，式(5.1)で定義される冗長度 $\rho=(n-k)/n$ を大きくしていけば，符号化率 $\eta=1-\rho=k/n$ はどんどん小さくなる。

単位時間に伝送できる情報量を考えれば，誤りを小さくするには冗長度が増加するため単位時間に伝送できる情報量，すなわち情報の伝送速度は低下する。あるいは，所要の情報量を伝送するための時間が増加する。

このように伝送の効率を考えるためには時間を考慮したほうが明確になるため，1.5.2項で述べた伝送速度（1秒間に伝送できる情報量）で考え，単位をビット/秒，bps (bit per second) とする。以下では，式(5.37)の通信路容量も C〔bps〕とし，これを通す情報の伝送速度を R〔bps〕とする。

誤り訂正により通信路での誤りをなくして（復号誤りを望むだけ任意に小さくして）伝送しようとすると，常識的には，伝送速度 R が低下して規定の速度 R が得られないように思われる。しかし事実は，次項で述べるように通信路容量 C 以下の速度では誤りを任意に小さくできることがシャノンにより証明されている。すなわち，速度 R が C より小さければ誤りなく伝送できる。

このように通信路容量は誤りなく伝送できる速度の限界として明確な意味をもっている。実際の伝送路では C は物理的要因である雑音や信号の電力，周

波数帯域幅で決まることを 9.4 節の式 (9.9) で示す。

5.6.2 通信路符号化定理

誤りがない (誤りを任意に小さくできる) 伝送速度の限界を与えるものがつぎのシャノンの**通信路符号化定理** (channel coding theorem) である。伝送速度を R 〔bps〕，通信路容量を C 〔bps〕とすれば

> $R < C$ であれば，誤り率を任意に小さくできる符号化が存在する。逆に，$R > C$ であれば，誤り率を任意に小さくできる符号化は存在しない。 (5.39)

これは，$R < C$ であれば，通信路符号化 (誤り訂正) をうまく行えば，誤り率をいくらでも小さくでき，かつ，R をいくらでも C に近づけられることを示している。誤りの原因となる雑音が決めるのは通信路容量 C で，$R < C$ であれば誤り率は雑音の大きさに直接には無関係になる。

この定理は 3.4 節の情報源符号化定理と対比させて，**シャノンの第 2 基本定理**，あるいは**雑音がある場合の符号化定理**ともいう。

一定の伝送速度で通信する場合，常識的には，どのように符号化しても必ず雑音により誤りを生じると思われていた。シャノンの上記の定理はこの常識をくつがえすもので，通信路容量より小さい伝送速度であれば，符号化を工夫することにより誤りなく通信できることを示す，画期的なものである。

定理の証明は省略するが，情報源から発生する非常に長い送信記号系列を考え，各系列をランダムに符号に割り当てれば，平均として受信される非符号語が互いの送信系列に重なる確率を任意に小さくできることから証明される。定理は，有限長の通報に対する場合や具体的な符号化の方法は述べていない。この限界に近づける符号化の方法が現在の情報理論 (符号理論) の研究課題であり，現在も新たな符号化方法が提案されている。

演習問題

5.1 誤り制御方式の ARQ と FEC について概要を述べよ。また，アナログ情報源，ディジタル情報源ではおもにどちらが用いられるか。

5.2 5.2.2項の例では (2,1) 符号では 00 と 11 を，(3,1) 符号では 000 と 111 を符号語に選んだ。これと同じ誤り検出・訂正能力をもつ符号語にはほかにどのような組合せがあるか。

5.3 [例題 5.1] と同様に，情報が 1 ビットの $(n,1)$ 符号を考える。n は奇数で $n = 2m+1 (m=1,2,3,\cdots)$ とする。伝送路の BER を p_e とする。復号誤り率を一般的に求めよ。

5.4 符号化利得について説明せよ。

5.5 ハミング距離が 6 および 7 の符号の誤り検出・訂正能力は何ビットまでか。

5.6 相互情報量と通信路容量の関係を述べよ。

6 基礎的な誤り検出・訂正符号

5章では通信路での誤り検出・訂正の考え方や原理，誤り検出・訂正能力とハミング距離の関係，伝送できる情報量や伝送速度の限界など，通信路符号化の基礎事項を学んだ。

本章では，基礎的な符号であるパリティ検査符号，およびハミング符号を取り上げ，検出・訂正能力とハミング距離の関係を具体的に見てみよう。パリティ検査符号は1ビット誤りを検出，ハミング符号は1ビット誤りを訂正できる符号である。また，符号がもつ一般的な性質についても学ぶ。

6.1 パリティ検査符号

パリティ検査符号（parity check code）は，基本的には一つの記号に対して情報ビットに冗長ビット1ビットを加えて誤り検出を可能にする。付加する1ビットを**パリティビット**（検査，またはチェックビット）という。全ビットのうち，1のビットの数が偶数になるようにパリティビットを決める。これを偶数パリティ検査符号という（1の数が奇数のものは奇数パリティ検査符号）。偶数，奇数のどちらを使うかは送受信で取り決めておくが，一般には偶数パリティが用いられるので，以下でも偶数パリティのみを扱う。受信側で全ビットについて1の個数が偶数か奇数か（偶奇性）を検査して誤りを検出する。

パリティ検査符号には，1記号ごとにパリティ1ビットを付加する**単一（垂直）パリティ検査符号**と，記号ごとおよび複数の記号をまとめたブロックに対してパリティを付加する**水平・垂直パリティ検査符号**がある。記号にはパリ

ティを加えず,ブロックに対してのみパリティを加える水平パリティ検査符号もあるが目立った特徴がないので省略する.

6.1.1 単一パリティ検査符号

符号化と検査が非常に簡単なため古くからさまざまな所に用いられている汎用性が高い符号であり,通信だけでなく計算機内部のメモリなど高速性が要求される場合にも使用される.

1記号ごとにその符号列に1ビットのパリティビットを付加する.これによりハミング距離が1であった符号を距離2にすることができ1ビット誤りを検出できるようになる.

情報 k ビットに1ビットを加えて全長を $(k+1)$ ビットにするので,単一パリティ検査符号は $(k+1,k)$ 符号である.偶数パリティ符号は符号中の1の数が偶数で,式 (5.8) のハミング重みが偶数の符号だけを符号語として用いる.

4個の記号 A〜D を考え,各記号を $(A,B,C,D) = (00,01,10,11)$ の符号語に割り当てる.この情報2ビットは図6.1(a)のように2次元の符号空間で表せる.各符号語は隣接しているのでハミング距離は1であるから,誤り検出(もちろん,誤り訂正)はできない.各符号の末尾に偶数のパリティビット1ビットを付加し,合計3ビット符号とすれば図6.1(b)のように3次元の符号空間になる.

偶数パリティを付加すれば,$(A,B,C,D) = (000,011,101,110)$ となり,すべ

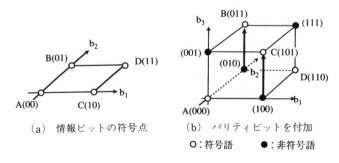

(a) 情報ビットの符号点　　(b) パリティビットを付加

○:符号語　　●:非符号語

図6.1　パリティ付加の効果

ての符号語の1の数は0または2の偶数になる。これにより四つの記号に対する符号語の点（○印）は互いに隣り合わず，ハミング距離が2になる。一方，記号に割り当てられない非符号語（●印）の4点についてはパリティ（偶奇性）が奇数である。

通信路で1ビットの誤りが発生すれば，ハミング距離が1の隣の点に移動するが，そこは非符号語（奇数パリティ）の点であるので誤りを検出できる。このように，奇数個の誤りは検出できるが偶数個の誤りを検出できない。誤り検出能力としては最低限の能力で評価するので，この符号の誤り検出能力は1ビットである。

［**例 6.1**］　ASCII コード

ASCII コード（付録1参照）では7ビットが使用され $2^7=128$ 個の符号に，英字の大小文字，数字，記号，制御記号などが割り当てられている。これに1ビットのパリティビットを付加して1記号当り8ビット（1バイト）にして伝送する場合が多い。

例えば文字 A, B, C, … はそれぞれ，(1000001), (1000010), (1000011), …だが，このままではハミング距離は1で，誤り検出はできない。偶数パリティを加えれば，(10000010), (10000100), (10000111), …となる。

奇数パリティをもつ符号を受信すれば誤りと判定する。7ビット符号にパリティを1ビット加えて伝送するので，(8,7) 符号であり，式 (5.1) の符号化率は $\eta = 7/8 = 87.5\%$ である。　　　　　　　　　　　　　　　　⌟

6.1.2　水平・垂直パリティ検査符号

各記号ごとの垂直（単一）パリティと，複数記号をブロック化して横断的に水平パリティも加えた符号である。1記号当り a ビットの記号を b 個ブロック化した水平・垂直パリティ検査符号は，情報が $a \times b$ ビット，全体が $(a+1) \times (b+1)$ ビットの $((a+1)(b+1), ab)$ 符号であり，符号化率は $\eta = ab/(a+1)(b+1)$ で与えられる。

［**例 6.2**］　ASCII コードの水平・垂直パリティ検査符号

ASCIIコードのA，B，C，x，y，zの6文字をブロックとして偶数の水平・垂直パリティを適用した例を**表**6.1に示す。

表6.1 水平・垂直パリティ（6文字ブロック）

		記号	A	B	C	x	y	z	水平パリティビット	1の個数
送信ビット列(8ビット×7文字=56ビット)	情報ビット(7ビット)	b_7	1	1	1	1	1	1	0	6
		b_6	0	0	0	1	1	1	1	4
		b_5	0	0	0	1	1	1	1	4
		b_4	0	0	0	1	1	1	1	4
		b_3	0	0	0	0	0	0	0	0
		b_2	0	1	1	0	0	1	1	4
		b_1	1	0	1	0	1	0	1	4
	垂直パリティビット	—	0	0	1	0	1	1	1 (BCC)	4
	1の個数	—	2	2	4	4	6	6	6	—

　b_7〜b_1の7ビットは情報ビットで，6文字ブロックでは情報ビットは全体で$7×6=42$ビットである。垂直パリティを各文字ごとに加え，かつ水平パリティを6文字の各ビット位置に対して加える。符号を並べて垂直方向（列方向）および水平方向（行方向）にパリティを付加することから水平・垂直パリティ検査と呼ばれる。

　水平パリティと垂直パリティの交点のビットは両方のパリティに共通で重要なビットであり，BCC（block check code）と呼ばれる。送信するビット列は1文字当り8ビットで水平パリティを1文字分加えるので8ビット×7文字＝56ビットの(56,42)符号となる。符号化率は$\eta=42/56=75\%$になる。　」

6.1.3 誤り検出・訂正能力

　単一パリティ検査符号ではハミング距離が2で，誤り訂正はできず，誤り検出も1ビットまでであった。水平・垂直パリティ検査符号では，受信側で各列と各行のパリティ（偶奇性）を検査すれば誤りを検出できる。1ビットの誤りであれば訂正も可能である。もちろん，付加したパリティビットに誤りが生じても他の情報ビットとまったく同様に検出・訂正が可能である。

複数個の誤りの例に対する検出・訂正能力を**図 6.2** で説明する。

- 1 ビット誤り（図(b)）：パリティが奇数になる行と列が一つずつ現れることで誤りが検出される。さらに，その行と列の交点のビットが誤りと判定できるから，誤り訂正が可能である。
- 2 ビット誤り（図(c)，(d)）：奇数パリティの行と列ができるので検出可能であるが，図(c)の場合，行列の交点は 4 か所あり，そのうちどのビットが誤りかを特定できず訂正は不可能である。図(d)の場合もやはり検出できるが訂正はできない。
- 3 ビット誤り（図(e)）：図(e)の誤り位置の例では，見掛け上 1 ビット誤りと同じに見えてしまう。2 ビット誤りと同様，検出は可能だが訂正はできない。
- 4 ビット誤り（図(f)）：4 個の誤りビットの配置が図のように四辺形の頂点になれば，どの行や列もパリティが偶数になり誤りを検出できない。もちろん，訂正もできない。

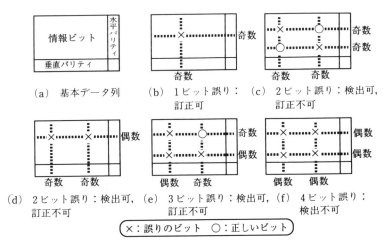

図 6.2 水平・垂直パリティ検査による誤り検出・訂正

単一パリティ検査符号と同様に，誤りが 4 以上でも奇数個の誤りは検出できる。上記の 4 ビット誤りで，誤りの配置が図(f)以外であれば奇数パリティの

行または列が現れて誤り検出は可能になる。しかし，誤り検出・訂正能力は最も危険な場合を考慮する。5.3.2項で符号のハミング距離として最小のハミング距離を考えるのと同じである。

水平・垂直パリティ検査符号は，複数記号をブロック化するためメモリが必要で，ブロック化した符号を全部受信するまで待つために時間もかかる。その割には誤り検出・訂正能力が高くないので，副次的に使われるだけである。

［例題6.1］ 水平・垂直パリティ検査符号のハミング距離

上で示した水平・垂直パリティ検査符号の誤り検出・訂正能力から，この符号のハミング距離を推定せよ。

［解］ この符号は誤り検出が3ビットまで，訂正は1ビットまで可能である。これと，式 (5.13), (5.14) からハミング距離 d_H を求める。

誤り検出能力から式 (5.13) により d_H は4となる。また，$d_H=4$ であれば，式 (5.14) から訂正は1ビットまでになることが確認できる。

単一パリティでは $d_H=2$ であった。これを水平・垂直のように組み合わせると d_H はそれらの積で与えられ，$d_H=2×2=4$ となる (7.2.2項参照)。

6.2 ハミング符号

通信路符号化の基礎的，歴史的な符号として1950年にハミングにより提案された**ハミング符号**（Hamming code）がある。これは1ビット誤りを訂正できる符号である。現在は，より能力の高い誤り訂正符号が使われているが，基本原理はこのハミング符号の考え方に基づいている。

6.2.1 ハミング(7,4)符号

ハミング符号は情報ビットに複数の検査ビットを付加して1ビット誤りを訂正可能とする符号である。全符号長が n ビット，情報ビット長が k ビット，検査ビット長が $(n-k)$ ビットの (n,k) 符号で考える。

誤りを訂正するには誤りの位置を特定できる必要がある。ハミング符号は複数の冗長ビットを加えることにより，1ビット誤りに対して，そのビット位置

がわかるように工夫された符号である。1ビット誤りの状態としては，(0) 誤りがない場合，(1) 第1ビットが誤りの場合，(2) 第2ビットが誤りの場合，…，(n) 第 n ビットが誤りの場合，の ($n+1$) 種類の状態が区別できる必要がある。

$(n-k)$ ビットの検査ビットにより，これらの ($n+1$) の状態を表すには，$2^{n-k} \geq n+1$ でなければならず，n と k は次式を満たす必要がある。

$$2^k \leq \frac{2^n}{n+1} \tag{6.1}$$

これを満たす正の整数 (n,k) の組合せはつぎのようになる。ただし，符号化率 $\eta = k/n$ を大きくするため，上式の等号が成立する場合を選ぶ。

(3,1), (7,4), (15,11), (31,26), (63,57), …

上の (3,1) 符号は5.2.2項で説明した1ビットの情報に2ビットの冗長ビットを加えた (3,1) 符号に相当する。おのおのの場合の符号化率 η は

(3,1)：33.3 %， (7,4)：57.1 %， …， (63,57)：90.5 %， …

となり，長い符号を使うほど符号化率が高くなる。

ここでは簡単のため**ハミング (7,4) 符号**について説明する。全ビット長が7，そのうち情報4ビットに対して3ビットの検査ビットを加えることにより，1ビット誤りを訂正できる。

6.1.3項の水平・垂直パリティ検査符号でも1ビット誤りを訂正できるが，4ビットの情報ビットに対して検査ビットが5ビット必要になる。すなわち，(9,4) 符号で，その符号化率は $\eta = 44.4$ %である。(7,4) ハミング符号は $\eta = 57.1$ %で，符号化率は水平・垂直パリティ符号よりもよい。さらに，記号ごとに検査ビットが完結するので符号化・復号化に都合がよい。

6.2.2 パリティ検査方程式

情報が4ビットであるから0000～1111の $2^4 = 16$ 種類の記号（符号語）が使える。これらの4ビットの情報を a_1, a_2, a_3, a_4, 付加する3ビットの検査ビットを c_1, c_2, c_3 とし，合計7ビットの符号を $(a_1, a_2, a_3, a_4, c_1, c_2, c_3)$ で表す。

ここで，a_i，c_i は，0 または 1 である。

情報ビットから検査ビットを決める方法は種々あるが，どのビットが誤ってもその位置を区別できる必要がある。検査ビットを決める規則は送受信側で共通にする。一例として検査ビットを次式で決める。

$$\left.\begin{array}{l} c_1 = a_1 \oplus a_2 \oplus a_3 \\ c_2 = a_2 \oplus a_3 \oplus a_4 \\ c_3 = a_1 \oplus a_2 \oplus a_4 \end{array}\right\} \tag{6.2}$$

情報ビット a_1，a_2，a_3，a_4 から式 (6.2) により検査ビット c_1，c_2，c_3 を求め，7ビット a_1，a_2，a_3，a_4，c_1，c_2，c_3 を送信符号とする。

上式の演算記号 $\oplus$ は 5.3.1 項で述べた論理演算の排他的論理和（XOR，exclusive OR）の演算である。mod 2，あるいは 2 を法とする演算で，規則は式 (5.2) で示され，減算は加算と同じになる。

表 6.2 に，式 (6.2) による検査ビットの計算結果を 16 個の符号語について情報ビットとともに示す。

表 6.2　ハミング (7, 4) 符号の符号語

符号(0〜7) = (0000〜0111)							符号(8〜15) = (1000〜1111)						
情報ビット				検査ビット			情報ビット				検査ビット		
a_1	a_2	a_3	a_4	c_1	c_2	c_3	a_1	a_2	a_3	a_4	c_1	c_2	c_3
0	0	0	0	0	0	0	1	0	0	0	1	0	1
0	0	0	1	0	1	1	1	0	0	1	1	1	0
0	0	1	0	1	1	0	1	0	1	0	0	1	1
0	0	1	1	1	0	1	1	0	1	1	0	0	0
0	1	0	0	1	1	1	1	1	0	0	0	1	0
0	1	0	1	1	0	0	1	1	0	1	0	0	1
0	1	1	0	0	0	1	1	1	1	0	1	0	0
0	1	1	1	0	1	0	1	1	1	1	1	1	1

式 (6.2) で検査ビット c_i を移項すれば（$\oplus$ の演算では $-c = +c$ であることに注意して）次式が成り立つ。

$$\left.\begin{array}{l} a_1 \oplus a_2 \oplus a_3 \oplus c_1 = 0 \\ a_2 \oplus a_3 \oplus a_4 \oplus c_2 = 0 \\ a_1 \oplus a_2 \oplus a_4 \oplus c_3 = 0 \end{array}\right\} \tag{6.3}$$

上式では，情報ビットと検査ビットの線形和が0の形になっている。このような式を一般に**パリティ検査方程式**（parity check equation）という。式 (6.3) では，未知数が $a_1, a_2, a_3, a_4, c_1, c_2, c_3$ の7個で，方程式が三つであるから，7−3＝4個の未知数を自由に決めることができ，これを情報4ビット a_1, a_2, a_3, a_4 に割り当てている。残り3個の未知数である検査ビット c_1, c_2, c_3 を式 (6.3) を満たすように決める。これが式 (6.2) である。

受信側で誤りの有無を検査する場合，誤りがあれば，上式の右辺の三つの0のうち少なくとも一つが1となり誤りを検出できる。

6.1節で述べた単一パリティ検査符号もこの形であるから，偶数パリティ検査符号を一般化したものである。このことから，偶数，奇数に直接関係しないが広い意味で検査ビットをパリティビットと呼ぶ。

［例6.3］ 偶数単一パリティ検査符号を $(a_1, a_2, \cdots, a_k, a_{k+1})$ の $(k+1)$ ビットとし，a_{k+1} をパリティビットとする。式 (6.2) に対応して，情報ビット $(a_1, a_2, \cdots, a_k,)$ から a_{k+1} を決める式は

$$a_{k+1} = a_1 \oplus a_2 \oplus \cdots \oplus a_k$$

で表せる。また，式 (6.3) に対応するパリティ検査方程式は次式になる。

$$a_1 \oplus a_2 \oplus \cdots \oplus a_k \oplus a_{k+1} = 0$$

奇数パリティでは上式の右辺が1になる。このことや奇数パリティ検査符号は線形符号ではないため通常は使用しない（［例題6.5］参照）。　　」

6.2.3　シンドローム

表6.2の7ビット符号を送信するが，途中で誤りが発生すれば受信側では式 (6.3) の少なくとも一つが成立しなくなる。受信側で［式 (6.3)］＝0となるかどうかをつぎのように検査する。すなわち，式 (6.3) の右辺の0を s_1, s_2, s_3 と置いて，それらが0か1かを検査する。

$$\left. \begin{array}{l} s_1 = a_1' \oplus a_2' \oplus a_3' \oplus c_1' \\ s_2 = a_2' \oplus a_3' \oplus a_4' \oplus c_2' \\ s_3 = a_1' \oplus a_2' \oplus a_4' \oplus c_3' \end{array} \right\} \quad (6.4)$$

上式のプライム記号 ' は誤りによって送信符号とは異なる可能性があることを示す．誤りがなければ式（6.4）は式（6.3）と同じで，$(s_1, s_2, s_3) = (0,0,0)$ となり，誤りなしと判定する．

(s_1, s_2, s_3) は受信符号の誤り位置を示す指標で，**シンドローム**（syndrome, 症候群）という．符号誤りを病気と見ると，(s_1, s_2, s_3) の 3 ビットが病気の症状（どのビットが誤っているか）を示すのでこの名称が付けられた．誤りがない場合を含めて誤りビットの位置は 8 種類あり，これを s_1，s_2，s_3 の 3 ビット $=2^3=8$ 種類で表示できる．

5.3.3項で述べたように，あるビットが誤ることは，式（5.2）の排他的論理和の計算から，そのビットに1を加えることに等しい．例えば，第3ビットが誤る場合，送信符号に $(0,0,1,0,0,0,0)$ を加えることに相当する．このような7ビットの**誤りパターン**を式（5.7）と同様に次式で表す．

$$e = (e_1, e_2, e_3, e_4, e_5, e_6, e_7) \tag{6.5}$$

誤りがない場合は，すべての $e_i = 0$ である．1ビット誤りの場合は，第 j ビットが誤る場合は $e_j = 1$ で，それ以外は $e_i = 0 (i \neq j)$ となる．受信符号 $(a_1', a_2', a_3', a_4', c_1', c_2', c_3')$ は，送信符号 $(a_1, a_2, a_3, a_4, c_1, c_2, c_3)$ に誤りパターン式（6.5）を加えることにより得られる．

$$\begin{aligned}
&(a_1', a_2', a_3', a_4', c_1', c_2', c_3') \\
&= (a_1, a_2, a_3, a_4, c_1, c_2, c_3) \oplus (e_1, e_2, e_3, e_4, e_5, e_6, e_7) \\
&= (a_1 \oplus e_1, a_2 \oplus e_2, a_3 \oplus e_3, a_4 \oplus e_4, c_1 \oplus e_5, c_2 \oplus e_6, c_3 \oplus e_7)
\end{aligned} \tag{6.6}$$

式（6.6）から，式（6.4）のシンドローム (s_1, s_2, s_3) は，送信符号と誤りパターンによりつぎのようになる．

$$\left.\begin{aligned}
s_1 &= a_1 \oplus e_1 \oplus a_2 \oplus e_2 \oplus a_3 \oplus e_3 \oplus c_1 \oplus e_5 \\
&= \{a_1 \oplus a_2 \oplus a_3 \oplus c_1\} \oplus (e_1 \oplus e_2 \oplus e_3 \oplus e_5) \\
s_2 &= a_2 \oplus e_2 \oplus a_3 \oplus e_3 \oplus a_4 \oplus e_4 \oplus c_2 \oplus e_6 \\
&= \{a_2 \oplus a_3 \oplus a_4 \oplus c_2\} \oplus (e_2 \oplus e_3 \oplus e_4 \oplus e_6) \\
s_3 &= a_1 \oplus e_1 \oplus a_2 \oplus e_2 \oplus a_4 \oplus e_4 \oplus c_3 \oplus e_7 \\
&= \{a_1 \oplus a_2 \oplus a_4 \oplus c_3\} \oplus (e_1 \oplus e_2 \oplus e_4 \oplus e_7)
\end{aligned}\right\} \tag{6.7}$$

送信符号にはパリティ検査方程式（6.3）が成り立つため，上式の{ }の項は0になる。したがって，シンドロームは次式で求められる。

$$\left.\begin{array}{l} s_1 = e_1 \oplus e_2 \oplus e_3 \oplus e_5 \\ s_2 = e_2 \oplus e_3 \oplus e_4 \oplus e_6 \\ s_3 = e_1 \oplus e_2 \oplus e_4 \oplus e_7 \end{array}\right\} \quad (6.8)$$

すなわち**シンドローム**は，**送信符号には無関係に誤りパターンのみで決まる**ことがわかる。例えば，第3ビットが誤れば（e_3のみが1），e_3を含むs_1とs_2が1となり，e_3を含まないs_3は0となる。

式（6.8）から8種類の誤り位置に対するシンドロームを計算した結果を**表6.3**に示す。この表は，誤りパターンとシンドロームを対応させたもので**エラーテーブル**と呼ばれる。シンドロームの3ビットは互いに異なるので，これにより誤りビット位置を特定できる。

表6.3 誤りパターンとシンドローム（エラーテーブル）

誤りのある ビット位置	誤りパターン							シンドローム		
	e_1	e_2	e_3	e_4	e_5	e_6	e_7	s_1	s_2	s_3
なし	0	0	0	0	0	0	0	0	0	0
第1ビット	1	0	0	0	0	0	0	1	0	1
第2ビット	0	1	0	0	0	0	0	1	1	1
第3ビット	0	0	1	0	0	0	0	1	1	0
第4ビット	0	0	0	1	0	0	0	0	1	1
第5ビット	0	0	0	0	1	0	0	1	0	0
第6ビット	0	0	0	0	0	1	0	0	1	0
第7ビット	0	0	0	0	0	0	1	0	0	1

受信側では，式（6.4）によってシンドロームを計算し，表6.3のエラーテーブルを参照して対応する誤りパターンから第何ビットが誤っているかを知る。誤ったビットを0→1あるいは1→0と訂正する。この訂正処理は，シンドロームに対応する誤りパターンを受信符号に⊕で加えればよい。

ハミング符号による処理の流れを**図6.3**に示す。

［**例題6.2**］ ハミング符号の距離（その1）

ハミング(7,4)符号のハミング距離を誤り検出・訂正能力から求めよ。

96　6. 基礎的な誤り検出・訂正符号

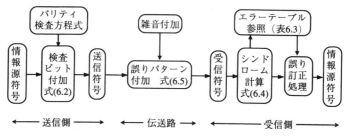

図 6.3　ハミング符号の処理の流れ

［解］ハミング符号は1ビット誤りを訂正できるので，式（5.14）からハミング距離 d_H は3または4であると推測できる。$d_H=3$ と4の差は，誤り検出できるビット数で決まる。

複数個の誤りをもつ誤りパターンに対して式（6.8）のシンドロームが $(0,0,0)$ でなければ検出できる。逆に，一例でも $(0,0,0)$ となる誤りパターンがあれば誤り検出不能である。

式（6.8）を見ると，誤りパターンの e_1, e_3, e_4 の3ビットが，それぞれ s_1, s_2, s_3 の二つの式に入っている。したがって，この3ビットが誤っても各式は0のままで，$(s_1,s_2,s_3)=(0,0,0)$ となり誤りを検出できない。これから $d_H=3$ であることがわかる。

［例題 6.3］　ハミング符号の距離（その2）

ハミング $(7,4)$ 符号のハミング距離を，16個の符号語の間のハミング距離を調べて最小ハミング距離から求めよ。

［解］16個の符号語は表6.2に示されている。k 個の符号語がある場合，全符号語間の d_H を調べるには，$k(k-1)/2$ 通りの組合せを調べる必要がある。ここでは $k=16$ ではハミング距離は120通りもある。すべての d_H を調べれば，その最小値から $d_H=3$ になる。

全符号語間の d_H を調べる作業はたいへんであるが，次節で述べるようにハミング符号は線形符号であり，そのハミング距離はハミング重みを用いてもっと簡単に求められる（6.3.2項参照）。

6.2.4　符号化・復号化の論理回路

ハミング符号の符号・復号化は論理演算のみで実行できるため，回路化が容

易である．ここでは，検査ビットやシンドロームの計算を論理回路で表してみよう．排他的論理和（XOR）や論理積（AND）の演算回路は**図 6.4**で表される．多入力の XOR は 2 入力の XOR を多段に接続すればよい．

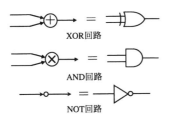

図 6.4 論理演算の回路記号

送信側では情報ビット a_1，a_2，a_3，a_4 から検査ビット c_1，c_2，c_3 を計算・付加して符号語を生成する．検査ビットの計算式は式（6.2）で与えられている．例えば，検査ビットの c_1 は情報ビット a_1，a_2，a_3 の三つの XOR である．したがって，符号化の回路は**図 6.5**のようになる．

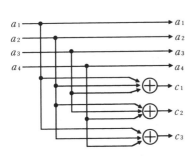

図 6.5 ハミング符号の符号化回路

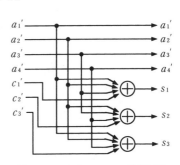

図 6.6 シンドロームの計算回路

受信側の復号化回路では，式（6.4）によってシンドローム s_1，s_2，s_3 を計算する．例えば，シンドローム s_1 は，受信符号の第 1，第 2，第 3 および第 5 ビットの XOR で与えられるので，シンドロームの計算回路は**図 6.6**のように表せる．

［**例題 6.4**］ 誤りを 1 ビットとして，表 6.3 のエラーテーブルに基づいて図 6.6 に誤りを訂正する回路を追加せよ．

［**解**］ 例えば，第 1 ビット e_1 が誤っている場合，表 6.3 からシンドロームは $s_1 = 1$，

$s_2=0$, $s_3=1$ である。この条件を満たす場合に限って1を出力するようにし，この出力1を受信符号の第1ビット a_1' に XOR で加えれば訂正できる。$s_1=1$, $s_2=0$, $s_3=1$ の場合のみ出力を1にするには，論理積 $s_1 \cdot \bar{s}_2 \cdot s_3$ を用いる（$\bar{s}_2$ は s_2 の否定）。したがって図6.7の回路を図6.6に追加すればよい。

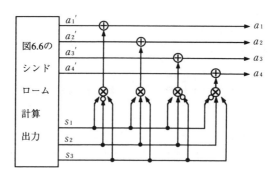

図6.7 誤り訂正回路

第5ビット以後の検査ビットに誤りがある場合，情報ビットは受信符号がそのまま正しいので検査ビットを訂正する必要はない。

6.3 符号の性質

ハミング符号は，線形性や巡回性と呼ばれる重要な性質をもっている。これらの性質があると演算が容易で，良い符号の探索も容易になるので，実用化されているほとんどの符号はこの性質をもっている。

6.3.1 線 形 符 号

式 (6.3) のように，パリティ検査方程式が各ビットの線形和（1次の代数和）で与えられる符号を**線形符号**という。線形符号には，「**線形符号の中の任意の二つの符号の和（各ビットの XOR）からできる符号は，やはり元の符号に含まれる**」という重要な性質がある。

この性質は重要で，符号演算の定義や処理が容易になり，符号を理論的，数学的に系統立てて解析ができるためほとんどの符号は線形符号である。

[**例6.4**] ハミング (7, 4) 符号の線形性を調べてみる。表6.2の16個の送信符号（符号語）のうち，どの二つの符号を加算してできる符号も，やはり表6.2の符号語に含まれている。　　　　　　　　　　　　　　　　　　　　　」

[**例題6.5**] 偶数および奇数のパリティ検査符号はそれぞれ線形符号であるかどうかを調べよ。

[**解**] 偶数パリティ符号に含まれる1の数は偶数である（ハミング重みが偶数）。このような符号を2個加算してもやはり1の数は偶数になる。したがって，偶数パリティ検査符号は線形符号である。

一方，奇数パリティでは1の数が奇数である。これを2個加算すると1の数は偶数になる。加算した結果の符号が偶数パリティ符号になり，元の奇数パリティ符号の集合から外れるので線形符号ではない。奇数パリティは線形符号にならないので特別な場合を除いて使用しない。

6.3.2　線形符号のハミング距離

線形符号では「**線形符号の最小ハミング距離は，その符号語中での最小ハミング重みに等しい（ただし，全0の符号語を除く）**」ことが成り立つ。このことから，線形符号では，符号語間のすべての組合せについてハミング距離を調べる必要はなく，全0の符号を除く個々の符号のハミング重みを調べればよく，重みの最小値が最小ハミング距離になる。

これを証明しよう。符号の加算，ハミング距離やハミング重みについては5.3.1～5.3.3項で述べた性質を用いる。線形符号に含まれる符号語のうち，二つの符号を $a = (a_1, a_2, \cdots, a_n)$，および $b = (b_1, b_2, \cdots, b_n)$ とする。これを加算した符号語を c とする。

$$c = a \oplus b \tag{6.9}$$

ハミング重み w_H は式 (5.8) のように定義されている。上式の符号 c のハミング重みは次式で与えられる。

$$w_H(c) = \sum_{i=1}^{n} c_i = \sum_{i=1}^{n} (a_i \oplus b_i) \tag{6.10}$$

線形符号であるから c も元の集合に含まれる。符号語 a, b 間のハミング距離 d_H は式 (5.6) に示したように次式で与えられる。

$$d_H(\boldsymbol{a},\boldsymbol{b}) = \sum_{i=1}^{n} (a_i \oplus b_i) \tag{6.11}$$

式 (6.10) と (6.11) から

$$d_H(\boldsymbol{a},\boldsymbol{b}) = w_H(\boldsymbol{c}) \tag{6.12}$$

となり，$\boldsymbol{a}$，$\boldsymbol{b}$ 間のハミング距離は $\boldsymbol{c}$ のハミング重みに等しくなる。

誤り検出・訂正能力を決める最小のハミング距離は，すべての符号語間の距離を調べてその最小値を見いだす必要があるが，線形符号であれば上の関係から符号の数だけのハミング重みを調べれば済む。

［例 6.5］ 表 6.2 のハミング (7，4) 符号の最小ハミング重みを 16 個の符号語について求めてみると，重みが 0 である全 0 符号は除いて最小値は 3 になる。したがって，この符号の最小ハミング距離は 3 であることがわかり，1 ビット誤りを訂正でき，2 ビット誤りまで検出できる。　　　　　　　　　┘

6.3.3 巡 回 符 号

符号の集合の中の一つの符号語を左に 1 ビットだけシフト（巡回）した符号が元の集合に含まれる符号を**巡回符号**という。ただし，左端のビットは右端に回す。巡回符号は線形符号であり，実用される重要な符号である。その性質は次章で詳しく述べる。

巡回符号は，ハード的にはシフトレジスタで簡単に生成できるので非常に便利である。また，線形符号と組み合わせれば，シフトレジスタと XOR の論理演算回路が簡単になるためよく使われる。

［例 6.6］ ハミング符号が巡回符号になっていることを表 6.2 の符号によって確かめられる。7 ビット符号では，一つの符号を巡回して得られる符号は最大 7 種類であるから，複数の巡回系列を含んでいる。表 6.2 における巡回系列は，ハミング重みが 0（全 0 符号），重みが 7（全 1 符号），重みが 3，および重みが 4 の 4 種類が含まれている。

このことから，ここで説明したハミング符号は巡回ハミング符号と呼ばれる。式 (6.2) の検査ビットはそうなるように定めたものである。　　　　┘

6.4 行列による表現

誤り検出・訂正では一定の長さのビット数をまとめて扱い，それに線形の演算を行うので，数学的な見通しがよく解析に便利なベクトルや行列表現が使用される。ここではハミング符号を例にして行列による表現を説明する。

6.4.1 符号ベクトル

各種の符号を，各ビットを要素として並べたベクトルで表す。ここでは符号を行ベクトルの形で表示し，ハミング(7，4)符号ではつぎのようになる。

・情報ベクトル：$a = (a_1, a_2, a_3, a_4)$
・検査ベクトル：$c = (c_1, c_2, c_3)$
・送信符号ベクトル：$w_t = (a, c) = (a_1, a_2, a_3, a_4, c_1, c_2, c_3)$
・誤りパターンベクトル：$e = (e_1, e_2, e_3, e_4, e_5, e_6, e_7)$
・受信符号ベクトル：$w_r = (a_1', a_2', a_3', a_4', c_1', c_2', c_3')$
・シンドロームベクトル：$s = (s_1, s_2, s_3)$

誤りベクトル e は式(6.5)と同じものである。

6.4.2 パリティ検査行列

式(6.2)によって情報ベクトル a から検査ベクトル c を作り，それを加えて送信符号ベクトル w_t を作る。この操作のために行列 G をつぎのように定義する。行列 G は，情報ベクトル a から送信符号ベクトル w_t を生成するので，**生成行列**（generation matrix）と呼ばれる。(7，4)符号では4元ベクトル a から7元ベクトル w_t に変換するため G は4行×7列のマトリックスである。

$$G = \begin{bmatrix} 1 & 0 & 0 & 0 & 1 & 0 & 1 \\ 0 & 1 & 0 & 0 & 1 & 1 & 1 \\ 0 & 0 & 1 & 0 & 1 & 1 & 0 \\ 0 & 0 & 0 & 1 & 0 & 1 & 1 \end{bmatrix} \quad (6.13)$$

行列 G の左の 4 列の 4×4 の行列は単位行列（対角要素が 1 で，他の要素は 0 の行列）であり，情報ベクトルがそのまま出力することに対応する．右 3 列は，検査ビットをつくる式 (6.2) に対応している．行列 G により，送信符号ベクトル w_t は，情報ベクトル a から次式のように計算される．

$$w_t = aG = (a_1, a_2, a_3, a_4)\begin{bmatrix} 1 & 0 & 0 & 0 & 1 & 0 & 1 \\ 0 & 1 & 0 & 0 & 1 & 1 & 1 \\ 0 & 0 & 1 & 0 & 1 & 1 & 0 \\ 0 & 0 & 0 & 1 & 0 & 1 & 1 \end{bmatrix}$$

$$= (a_1, a_2, a_3, a_4, a_1 \oplus a_2 \oplus a_3, a_2 \oplus a_3 \oplus a_4, a_1 \oplus a_2 \oplus a_4)$$

$$= (a_1, a_2, a_3, a_4, c_1, c_2, c_3) = (a, c) \tag{6.14}$$

式 (6.3) のパリティ検査方程式は，**パリティ検査行列**（parity check matrix）H を用いてつぎのように書ける．

$$w_t H^T = 0 \tag{6.15}$$

ただし

$$H = \begin{bmatrix} 1 & 1 & 1 & 0 & 1 & 0 & 0 \\ 0 & 1 & 1 & 1 & 0 & 1 & 0 \\ 1 & 1 & 0 & 1 & 0 & 0 & 1 \end{bmatrix} \tag{6.16}$$

H はパリティ検査方程式 (6.3) の左辺の係数行列であり，H の各行は式 (6.4) のシンドローム $s_1 \sim s_3$ の計算式に対応する．式 (6.15) の行列 H^T は H の転置行列（行と列の演算順序を考慮して，元の行列の行と列の要素を入れ替えた行列）で，次式で表せる．

$$H^T = \begin{bmatrix} 1 & 0 & 1 \\ 1 & 1 & 1 \\ 1 & 1 & 0 \\ 0 & 1 & 1 \\ 1 & 0 & 0 \\ 0 & 1 & 0 \\ 0 & 0 & 1 \end{bmatrix} \tag{6.17}$$

H^{T} の各行の要素は表 6.3 のエラーテーブルで誤りのない場合のシンドローム $(0,0,0)$ を除いたものになっている.

6.4.3 シンドロームの計算

受信符号ベクトル w_r は,送信符号ベクトルに伝送路の誤りベクトル e を加算することにより次式で与えられる.

$$w_r = w_t \oplus e$$
$$= (a_1 \oplus e_1, a_2 \oplus e_2, a_3 \oplus e_3, a_4 \oplus e_4, c_1 \oplus e_5, c_2 \oplus e_6, c_3 \oplus e_7)$$
$$= (a_1', a_2', a_3', a_4', c_1', c_2', c_3') \tag{6.18}$$

式 (6.16) の検査行列を用いれば,受信符号 w_r からシンドローム s がつぎのように計算できる.

$$s = (s_1, s_2, s_3) = w_r H^{\mathrm{T}} = (w_t \oplus e) H^{\mathrm{T}} = w_t H^{\mathrm{T}} \oplus e H^{\mathrm{T}} = e H^{\mathrm{T}}$$
$$= (e_1 \oplus e_2 \oplus e_3 \oplus e_5, e_2 \oplus e_3 \oplus e_4 \oplus e_6, e_1 \oplus e_2 \oplus e_4 \oplus e_7) \tag{6.19}$$

上の計算では,送信符号ベクトルには誤りがなく,式 (6.15) の $w_t H^{\mathrm{T}} = 0$ が成り立つことを用いている.

式 (6.8) と同様,シンドローム s は送信符号に無関係に伝送路の誤りのみによって決まる.受信側で式 (6.19) からシンドローム s を計算し,表 6.3 のエラーテーブルにより誤りベクトル e が求められる. e がわかれば受信符号 w_r に加算 ($\oplus$) することにより受信符号を訂正でき,正しい送信符号 w_t が得られる.

$$w_t = w_r \oplus e \tag{6.20}$$

演 習 問 題

6.1 6.2 節のハミング (7,4) 符号で,"0111100" を受信した.シンドロームを調べ誤りがあれば訂正せよ.

6.2 ハミング (3,1) 符号は図 5.7(c) と同じ符号で,これを (a, c_1, c_2) と表す.この符号の検査ビットを与える式とパリティ検査方程式を示せ.また,シンドロー

ムを与える式とエラーテーブルを作れ．

6.3 問題6.2のハミング(3,1)符号で，2ビット誤りがある場合，誤り検出・訂正は可能かどうかをシンドロームにより調べよ．

6.4 ハミング(7,4)符号で，情報ビットを a_1, a_2, a_3, a_4, 検査ビットを c_1, c_2, c_3 とする．これらを $(c_1, c_2, a_1, c_3, a_2, a_3, a_4)$ と並べて符号語とする．各検査ビットを $c_1 = a_1 \oplus a_2 \oplus a_4$, $c_2 = a_1 \oplus a_3 \oplus a_4$, $c_3 = a_2 \oplus a_3 \oplus a_4$ で与える．

（1） シンドローム s_1, s_2, s_3 を与える式を示せ（s_1, s_2, s_3 は，それぞれ c_1, c_2, c_3 を含む）．

（2） エラーテーブルを示せ．ただし，誤りは1ビットまでとする．

（3） s_1, s_2, s_3 を $(s_3\ s_2\ s_1)$ の順に並んだ3けたの2進数と見て10進数に変換したとき，10進数が誤りビット位置を示すことを確認せよ．

6.5 図6.6の復号回路で，誤りがあればビット "1" を出力する論理回路を付加せよ．このビット "1" を用いることにより送信側に再送を要求できる．

実用的な誤り検出・訂正符号

6章で学んだパリティ検査符号やハミング符号は基本的原理の理解には適すが,誤り検出・訂正能力は十分でなくそのままでは実用的ではない。本章では通信や放送,光ディスクの記録などに実際に使用されている誤り検出符号と誤り訂正符号について説明する。

7.1 節では誤り検出符号として巡回検査(CRC)符号を学ぶ。インターネットやデータ通信の信頼性確保に必須の符号である。7.2 節では BCH 符号や RS 符号などの誤り訂正符号を概説する。また,符号の組合せによる訂正能力の向上手法も学び,その光ディスクへの応用も説明する。7.3 節では畳込み符号とその復号法について述べる。過去のビットと関連させて訂正能力を向上させる符号化で,RS 符号などと組み合わせてよく用いられる。7.4 節では高性能な誤り訂正符号として近年注目され,実際のシステムにも採用されているターボ符号と LDPC 符号を簡単に説明する。

7.1 巡回検査(CRC)符号

6.1 節で述べた単一パリティ検査符号は 1 ビット誤りの検出符号であり,最低限のチェック機構としてよく用いられる。実際のデータ伝送時の誤り検出には,比較的簡単な回路でより高い検出能力をもつ**巡回検査符号**(**CRC 符号**,cyclic redundancy check code)がよく使われる。CRC 符号は,伝送路で誤りが集中して発生する**バースト誤り**に対しても強い符号である。

7.1.1 巡回符号と符号多項式

名称からもわかるように，巡回検査（CRC）符号は，符号語を1ビットずつ左にシフトした（左からはみ出たビットは一番右に回す）符号もまた符号語となっている符号である（6.3.3項参照）。

符号長を7ビットとすれば，0000000〜1111111の$2^7=128$種類の符号が考えられるが，そのうち記号を割り当てる符号語は，例えば，図7.1に示すようにC_0：0010111を1ビットずつ左にシフトした7個の符号$C_0 \sim C_6$のみを符号語として用いる。7個だけでは符号語が少ないので，これ以外のパターン，例えば，1011001などを巡回した符号も加えて符号語として用いる。

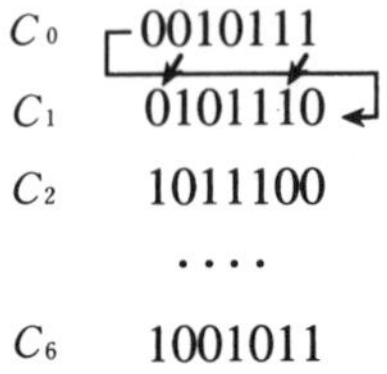

C_0 ┌ 0010111
C_1 │ 0101110 ↵
C_2 1011100
     ‥‥
C_6 1001011

図7.1 巡回検査（CRC）符号

[**例7.1**] 表6.2のハミング(7,4)符号はCRC符号になっている（[例6.6]参照）。

(a) **CRC符号の特徴** CRCは冗長度（検査ビット数）が少ない割に誤り検出の信頼度が高い。また，つぎの特徴をもっていることからデータ通信や計算機ネットワークなどによく使用される。

- 付加する**検査ビット長がmビットであれば，mビット以下のバースト誤りを検出**できる。特にこの利点のために使用される。
- 特別な場合として単一パリティ検査の機能を含む。
- パリティ検査やハミング符号のように符号長を意識する必要がなく，ビット長が混在したデータ通信にも利用できる。
- 線形符号の一種で数学的に論理が整然としており，見通しがよい。
- 符号化・復号化回路のハードウェアが，シフトレジスタと排他的論理和により簡単に構成できる。

7.1 巡回検査（CRC）符号

（b）符号多項式　CRC 符号は数学的には多項式とその演算で表現できる。符号の 0，1 の並びを多項式の各次数の係数に対応させた多項式を**符号多項式**（code polynomial）という。n ビットの符号列を

$$a_{n-1}, a_{n-2}, \cdots, a_1, a_0 \tag{7.1}$$

ここで，$a_i = 0$ または 1 $(i = 0, 1, \cdots, n-1)$ とする。この符号に対応する多項式 $A(x)$ は，a_i を x^i の係数として次式のように表す。ここでは，符号の添え字 i を変数 x^i の次数に合わせているので，その順序に注意する必要がある。

$$A(x) = a_{n-1}x^{n-1} + a_{n-2}x^{n-2} + \cdots + a_1 x + a_0 \tag{7.2}$$

n ビットの符号は $n-1$ 次の多項式で表される。係数の演算は式（5.2），（5.3）の排他的論理和（XOR）の計算である。また，変数 x も 0 または 1 の値しか取らず，つぎのように係数の演算と同様である。

$$x \oplus x = 0, \quad x \oplus 0 = x, \quad 2x = 0, \quad -x = x \tag{7.3}$$

（c）巡回符号となる多項式　CRC 符号では，巡回符号となる条件を満足させるため，多項式にも条件が必要になる。このため，$(x^n - 1)$ の因数すなわち $(x^n - 1)$ を割り切る多項式 $G(x)$ を考える。任意の多項式のうち $G(x)$ で割り切れる多項式を**すべて**巡回符号の符号語とする。この $G(x)$ はつぎに説明する**生成多項式**（generation polynomial）と呼ばれる CRC 符号で重要な役割をもつ多項式である。

これが巡回符号になることはつぎのように示される。いま，式（7.2）の多項式 $A(x)$ は $G(x)$ を因数としてもつ，すなわち $G(x)$ で割り切れるとする。$A(x)$ を左に 1 ビットシフトした多項式は次式のように表せる。符号語を左に 1 ビットシフトすることは，符号多項式（7.2）に x を掛け算し，x^n 次の係数を x^0 次（定数）の係数にすることである。

$$\begin{aligned} A'(x) &= a_{n-2}x^{n-1} + \cdots + a_1 x^2 + a_0 x + a_{n-1} \\ &= xA(x) - a_{n-1}(x^n - 1) \end{aligned} \tag{7.4}$$

条件から，$A(x)$ および $(x^n - 1)$ は $G(x)$ で割り切れるため $A'(x)$ は $G(x)$ で割り切れる。割り切れる多項式はすべて符号語として用いるので，$A(x)$ を

1ビット巡回した $A'(x)$ は符号語である。

7.1.2 CRC 符号の計算手順

CRC 符号として (n,k) 符号を考える。送信側では，k ビットの情報ビットに m ビットの検査ビットを付加して全体で n（$=k+m$）ビットの符号とし，これを送信する。送信側での検査ビットの生成，および受信側での誤りの検出はつぎのように多項式の演算により行う。

（a） **メッセージ多項式**：$P(x)$　　k ビットの情報ビット列を表す多項式で，k 個の係数をもつ $(k-1)$ 次の多項式である。

$$P(x) = p_{k-1}x^{k-1} + p_{k-2}x^{k-2} + \cdots + p_1 x + p_0 \tag{7.5}$$

（b） **生成多項式**：$G(x)$　　送信と受信で共通に用いるキーとなる多項式で，検査ビット数を m（$=n-k$）とすれば，$(m+1)$ 個の係数をもつ m 次の多項式である。ただし，0次の項（定数項）g_0 は1である必要がある。

先に述べたように，巡回符号の条件を満たすように，生成多項式は (x^n-1) の因数になっている必要がある。

$$G(x) = g_m x^m + g_{m-1} x^{m-1} + \cdots + g_1 x + g_0 \quad (\text{ただし，} g_0 = 1) \tag{7.6}$$

（c） **剰余多項式**：$R(x)$　　メッセージ多項式 $P(x)$ を x^m 倍した多項式 $x^m P(x)$ を，生成多項式 $G(x)$ で割り算した余りの多項式である。多項式を x^m 倍することは符号を左に m ビットシフトすることに対応する。$G(x)$ が m 次の多項式なので剰余多項式 $R(x)$ は $m-1$ 次の多項式になる。$R(x)$ に対応する係数は m 個で，この **m ビットをチェックビット** とする。

$$\left. \begin{array}{l} \dfrac{x^m P(x)}{G(x)} = Q(x) + \dfrac{R(x)}{G(x)} \\ x^m P(x) = Q(x) \cdot G(x) + R(x) \end{array} \right\} \tag{7.7}$$

ここで，$Q(x)$ は商多項式で CRC には直接寄与しない。

（d） **送信多項式**：$C(x)$　　情報ビットを m ビットだけ左にシフト（すなわち $(k-1)$ 次の $P(x)$ を x^m 倍）したものに，剰余多項式 $R(x)$ を加えた $(m+k-1)$ 次の多項式で，$m+k=n$ 個の係数をもつ。送信する符号全体の多

項式 $C(x)$ は次式のようになる。
$$C(x) = x^m P(x) + R(x) \tag{7.8}$$
すなわち，$C(x)$ は $G(x)$ の倍多項式である。
$$C(x) = Q(x)G(x) \tag{7.9}$$

$x^m P(x)$ は $(m+k-1)$ 次の多項式なので，送信ビット数は $m+k=n$ ビットであり，このうち k ビットが情報ビット，m ビットが検査ビットである。$C(x)$ は剰余多項式 $R(x)$ を加えている（加算と減算は同じ）ので，生成多項式 $G(x)$ で割り算すれば余りは 0 である。

（e）**受信多項式**：$C'(x)$　　受信した符号列に対応する多項式で，送信多項式と同じく $m+k=n$ 個の係数をもつ $m+k-1$ 次の多項式である。これを送信多項式と区別して $C'(x)$ とする。誤りが生じれば，$C'(x)$ の係数は $C(x)$ とは異なり別の多項式になる。

誤りの検出は，$C'(x)$ を $G(x)$ で割り算した余りが 0 かどうかで判定する。誤りがなければ（係数が変わらなければ）$C'(x) = C(x)$ で余りは 0 になる。余りが 0 でなければ誤りがあったと判定する。

CRC 符号は先に述べた多くの利点，特に容易にバースト誤りを検出できる利点をもつことから，計算機ネットワークなどでデータのパケット通信などに世界的に広く用いられている。また，送信する情報源符号の長さに自由度があるため使いやすい。国際電気通信連合標準化委員会（国連の下部組織の国際電気通信連合 ITU の標準化部門 ITU-T）が標準化している生成多項式としては，次式がよく用いられる。
$$\text{CRC}-16 : G(x) = x^{16} + x^{12} + x^5 + 1 \tag{7.10}$$
CRC-16 では 16 ビット（2 バイト）の検査ビットを付加する。$G(x)$ の周期は $2^{15} - 1 = 32\,767$ で，これより短い符号語に対してハミング距離が 4 になることがわかっている。したがって，32 767 ビット長より短い符号語に対して 3 ビット以下の任意の誤りを検出できる。また，生成多項式の次数が 16 なので 16 ビット以下のバースト誤りを検出できる。

［**例 7.2**］　CRC 符号の生成

情報ビットが4ビット，検査ビットが3ビット，全体が7ビットの(7,4)符号を例にとる．検査ビットが3ビットなので生成多項式は3次の多項式であり，ここでは生成多項式を $G(x) = x^3 + x + 1$ とする．剰余多項式は2次式となり，検査ビットは3ビットである．送信する情報ビットを1101の4ビットとする．このときCRCによる送信符号列はつぎの手順で求められる．

(1) メッセージ多項式は $P(x) = x^3 + x^2 + 1$ (1101) である．

(2) これを生成多項式の次数である3ビット左にシフトした多項式は $x^3 P(x) = x^6 + x^5 + x^3$ (1101000) で，これを $G(x)$ で割り算して余りを求める．$G(x)$ の2進数表示は(1011)である．

　割り算は図7.2に示すように多項式，あるいは2進数により計算する．割り算に含まれる減算は，式(5.3)や式(7.3)に示したように加算になるので簡単である．

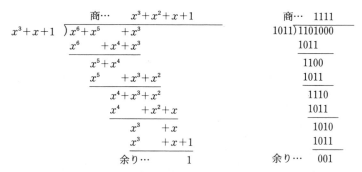

(a) 多項式の割り算　　　(b) 2進数の割り算

図7.2 CRC符号の検査ビット（余り）の計算

(3) 剰余多項式は $R(x) = 1$，すなわち，余り3ビット分の2進符号は001と求められる．

(4) 送信符号は，情報ビット1101を3ビット左にシフトした1101000に，剰余ビット001を加えることにより1101001となり，この7ビットを送信する．すなわち，送信多項式は $C(x) = x^6 + x^5 + x^3 + 1$ である．

7.1 巡回検査(CRC)符号

[**例題 7.1**] CRC 符号は線形符号であることを証明せよ。

[**解**] 線形符号になることは，符号語を加算したものも符号語になることを示せばよい。二つの CRC 符号の和が CRC 符号になることを示す。

CRC 符号の符号語(送信符号)は式(7.9)のように生成多項式 $G(x)$ の倍多項式で与えられるので，二つの CRC 符号 $C_1(x)$，$C_2(x)$ はつぎのように置ける。

$$C_1(x) = Q_1(x)G(x), \quad C_2(x) = Q_2(x)G(x)$$

これらの和の符号を $C_3(x)$ とすれば，これはやはり $G(x)$ の倍多項式になる。

$$C_3(x) = C_1(x) + C_2(x) = \{Q_1(x) + Q_2(x)\} \cdot G(x)$$

CRC 符号は $G(x)$ の倍多項式をすべて用いるので，$C_3(x)$ は CRC 符号になる。したがって CRC 符号は線形符号である。

[**例題 7.2**] [例 7.2]で用いた生成多項式 $G(x) = x^3 + x + 1$ による CRC 符号は，実は 6.2 節のハミング (7,4) 符号になっている。16 個の符号語について CRC の送信符号を生成し，これらは表 6.2 の符号と一致することを確かめよ。

[**解**] 情報が 4 ビットであるから，0000～1111 の 16 個について CRC 符号を生成する。例えば，情報 0101 については，これを 3 ビットシフトした 0101000 の 7 ビットを生成多項式の 2 進数 1011 で割り算する。

結果は，商が 0100 で，余りが 100 と計算できる。この余りを 0101000 に加えた 0101100 が送信符号になり，これは表 6.2 の符号に一致している。他の 15 個の情報ビットに対しても同様に計算して確認できる。このことから，6.2 節の符号は巡回ハミング符号と呼ばれる。

7.1.3 CRC 符号の誤り検出

受信側では生成多項式で割り算し，余りが 0 となるかどうかで誤りを判断する。伝送路での誤りパターンを多項式で表した**誤り多項式**を $E(x)$ とする。送信多項式を $C(x)$，受信多項式を $C'(x)$ とすれば，受信側でつぎの演算を行い，余りを調べる。

$$\frac{C'(x)}{G(x)} = \frac{C(x) \oplus E(x)}{G(x)} = Q(x) \oplus \frac{E(x)}{G(x)} \tag{7.11}$$

(**a**) **シンドローム**　上式の第 1 項は送信符号であり $G(x)$ で割り切れる。余りが生じるのは第 2 項で，これは送信符号に無関係で誤り多項式 $E(x)$

7. 実用的な誤り検出・訂正符号

のみによる。誤りがなければ $E(x)=0$ で余りも 0 となる。この余りが誤り状態を示すので、ハミング符号と同様、巡回符号の余りを**シンドローム**と呼ぶ。

[**例題 7.3**] 誤りは 1 ビットとする。誤り多項式は、例えば全 7 ビットの第 1 ビットが誤る場合は、$E(x)=x^6$, 第 5 ビットが誤る場合は $E(x)=x^2$ である。[例題 7.2] で用いた生成多項式 $G(x)=x^3+x+1$ (2 進数で 1011) によるシンドロームを求めてエラーテーブルを作れ。

[**解**] 例えば、7 ビットのうち第 1 ビットが誤る場合、誤り多項式は、$E(x)=x^6$, 誤りパターンは 1000000 である。これを生成多項式 1011 で割り算すれば余り (シンドローム) は 101 である。また、第 5 ビットが誤る場合は、0000100 を 1011 で割れば余りは 100 になる。

他の誤りパターンについても計算すると、結果は表 6.3 に示すハミング (7, 4) 符号のエラーテーブルと同じになる。ただし、CRC 符号は通常、誤り検出のみに用いられ訂正は行わない。

(**b**) **バースト誤りの検出** 誤りが連続するバースト誤りに対して、CRC 符号では m ビットの検査ビットを付加すれば (m 次の生成多項式を用いれば)、m 個以下の連続する誤り (m ビット以下のバーストエラー) を検出できる。これが、CRC 符号の特徴であり、このことを証明する。

バーストエラーの長さを b ビットとすれば、バースト部分だけの誤りパターンは $b-1$ 次の多項式 $E_b(x)$ により表せる。

$$E_b(x)=e_{b-1}x^{b-1}+e_{b-2}x^{b-2}+\cdots+e_1x+e_0 \quad (ただし、e_{b-1}=e_0=1) \tag{7.12}$$

誤りの開始ビット e_{b-1} と終了ビット e_0 は 1 であるが、その間にある誤り e_i は 0 でも 1 でもよい。すなわち、バーストの開始と終了は誤りビットであるが、その中間のビットには誤りがあってもなくてもよい。

符号の中で誤りが始まるビット位置を右から j とすれば、符号長全体の誤りパターンは上式のバースト部分を左に j ビットシフトしたものとなる。したがって、誤り多項式 $E(x)$ は次式で与えられる。

$$E(x)=x^jE_b(x) \tag{7.13}$$

送信符号を $C(x)$ とすれば、受信符号 $C'(x)$ は次式で表せる。

7.1 巡回検査（CRC）符号

$$C'(x) = C(x) \oplus E(x) = C(x) \oplus x^j E_b(x) \tag{7.14}$$

受信側では $C'(x)$ を m 次の生成多項式 $G(x)$ で割り算して余りを求める。

$$\frac{C'(x)}{G(x)} = \frac{C(x)}{G(x)} \oplus \frac{x^j E_b(x)}{G(x)} = Q(x) \oplus \frac{x^j E_b(x)}{G(x)} \tag{7.15}$$

$C(x)$ は送信符号であり $G(x)$ で割り切れる。したがって，どのような $E_b(x)$ に対しても $x^j E_b(x)$ が $G(x)$ で割り切れなければバースト誤りを検出できる。

単項式 x^j は生成多項式 $G(x)$ の因数に含まれない（因数であれば生成多項式に使えない）。また，$G(x)$ は $(x^n - 1)$ の因数であるから

$$x^n - 1 = Q(x)G(x) \quad \therefore x^n = Q(x)G(x) + 1 \tag{7.16}$$

x^n も $G(x)$ で割り切れないことがわかる。バースト長 b が $b \leq m$ であれば $E_b(x)$ は $(m-1)$ 次以下の多項式，$G(x)$ は m 次の多項式であるから $E_b(x)$ は $G(x)$ で割り切れず，余りは0でない。結局，CRC符号では，**m ビットの検査ビットを付加すれば長さ m ビット以下のバースト誤りを検出できる。**

[例 7.3] ハミング（7,4）符号のバーストエラー

6.2節で述べたハミング（7,4）符号のハミング距離 d_H は3であった（[例題6.2]，[例6.5]参照）。[例題7.2]で調べたように，生成多項式 $G(x) = x^3 + x + 1$ を用いるCRC符号はこれとまったく同じ符号であり，やはり $d_H = 3$ である。したがって，誤りを検出できるのは2ビット誤りまでである。

しかし，上で述べたように，バーストエラーであれば3ビットまで検出できることを示している。すなわち，同じ個数の誤りであれば，分散したランダム誤りよりもバーストエラーのほうが検出しやすいことを示している。

[例題6.2]で検出できない例として，誤りパターンの e_1, e_3, e_4 の3ビットが誤る場合を示した。これは，第1から第4ビット目までの4ビットのバーストエラーに相当するため検出はできない。一方，3ビットがバーストエラーの状態，例えば，e_1, e_2, e_3 が誤る場合は，(1110000)÷(1011)を計算すれば余りが(100)となって検出可能である。 ⌋

7.1.4 符号化・復号化の論理回路

CRC符号ではビットをシフトするシフトレジスタと割り算回路が必要になるが，これらも比較的簡単な回路で実現できる．図7.3に一般的・基本的な掛け算回路を示す．

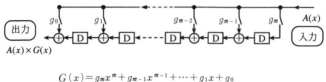

$$G(x) = g_m x^m + g_{m-1} x^{m-1} + \cdots + g_1 x + g_0$$
$$g_k = \begin{Bmatrix} 0 : \text{SW} \rightarrow \text{OFF} \\ 1 : \text{SW} \rightarrow \text{ON} \end{Bmatrix}$$

図7.3 m次式の掛け算回路

図中のDは1ビット遅延素子であり，D（遅延，delay）フリップフロップが使われる．遅延素子Dの数だけの次数の掛け算，または割り算が実行される．図中のSW（スイッチ）は多項式の係数が"1"であれば閉じ，"0"であれば開くものとし，多項式，例えば生成多項式 $G(x)$ が決まれば "short" あるいは "open" に固定されて回路は決まる．

図では右側が入力，左側が出力である．回路には右から最上位ビット（MSB：most significant bit）が最初に入り，最後に最下位ビット（LSB：least significant bit）の順序で入る．入力ビット列が入る前の初期状態では，すべてのD素子は0が入っているとする．クロック信号は全部の記憶素子に供給され，クロックにタイミングを合わせて動作する．

図7.4に一般的・基本的な割り算回路を示す．掛け算回路はフィードフォ

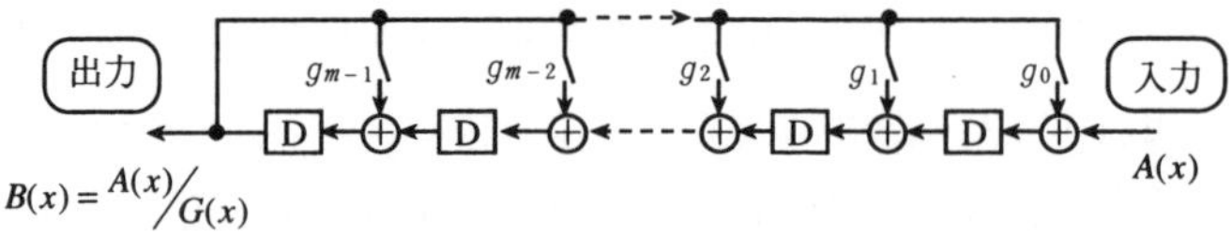

$$B(x) = A(x)/G(x)$$

$$G(x) = x^m + g_{m-1} x^{m-1} + \cdots + g_1 x + g_0$$
$$g_k = \begin{Bmatrix} 0 : \text{SW} \rightarrow \text{OFF} \\ 1 : \text{SW} \rightarrow \text{ON} \end{Bmatrix}$$

図7.4 m次式の割り算回路

ワード形であったが，割り算回路はフィードバック形になる。

［例 7.2］で述べた CRC 符号の例では生成多項式が $G(x) = x^3 + x + 1$ であった。CRC 符号を生成，あるいは誤り検査するために必要な割り算回路を図 7.5 に示す。3 次式の割り算であるから遅延素子 D を 3 個を用いて構成される。また，2 次の項はない（2 次の項の係数が 0）ので，D_2 と D_3 の間にはフィードバックされない。

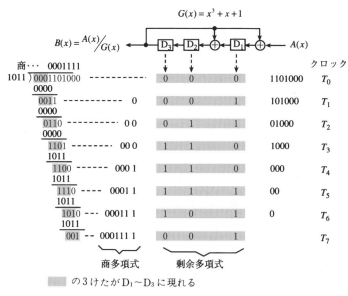

図 7.5　$G(x) = x^3 + x + 1$ による割り算回路

この図には［例 7.2］の情報ビット 1101 を入力した場合の図 7.2 の計算例に対応する動作を示している。網目の部分で示すように，記憶素子 D_3～D_1 には割り算の余りが順次現れる。

図 7.5 の回路では T_7 クロックまで余りは D に保存され，CRC で必要な余りがまだ D_3～D_1 に残っている。CRC に必要なのは，情報 4 ビットと余り 3 ビットであり，商は必要としないため，図の回路には無駄な動作がある。

図 7.6 の回路は掛け算（x^3；すなわち，3 ビット左にシフト）と割り算の回路を一緒にしたもので，T_1～T_4 および T_5～T_7 とでスイッチを切り換えること

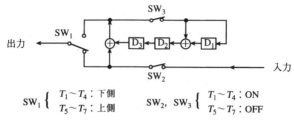

図7.6 CRC 符号化回路

により，T_7 クロックまでで余りを含めて全7ビットを出力できる．

7.2 誤り訂正符号

音声・映像の通信や放送ではリアルタイム性が重視されるため，品質に影響しない程度の誤訂正はやむをえないとして，受信側のみで誤りの訂正を行う．誤り訂正可能な符号としては 6.2 節でハミング符号を学んだが，訂正できるのは単一の誤りのみで，実際に使用するには不十分である．

本節では符号中に含まれる複数個の誤りを訂正できる BCH 符号とリード・ソロモン（RS）符号を説明する．これらは高度な数学を用いて開発された符号で，詳細は省略するが，実際のオーディオや映像の通信や放送，ディジタル記録に多く使用されている実用的で身近な符号である．

同種や異種の誤り訂正符号を二つ組み合わせれば，それぞれの符号単独よりもハミング距離を拡大でき，強力な誤り訂正符号となる．このような組合せ符号や，誤りが集中するバーストエラーをランダム化するインタリーブについても説明する．また，誤り訂正の適用例として CD や DVD，BD（ブルーレイディスク）等の光学ディスクの誤り訂正の仕組みを解説する．

7.2.1 BCH 符号，RS 符号

BCH 符号や RS（リード・ソロモン）符号は複数個の誤りを訂正できる．さらに重要な特性は，これまでのような 0,1 の 2 元符号だけでなく，元の数が 2

よりも大きい多元符号にも適用できることである。

2元符号では単位にビットを用いたが，多元符号では複数ビットをまとめて単位として扱い，この単位をシンボルと呼ぶ。実際の伝送では8ビットをまとめて1バイトとし，バイト単位で処理することが多い。RS符号では主に1シンボルを1バイトとして$2^8 = 256$元（$0, 1, 2, \cdots, 255$）符号として使用する。

BCH符号，RS符号とも巡回符号を一般化したもので，符号の生成には生成多項式，誤り訂正には受信側でシンドロームを用いる。2元符号ではシンドロームにより誤りビット位置がわかればそのビットの0,1を反転して訂正できた。しかし，多元符号では誤りシンボルの位置を求め，さらにそのシンボルの正しい値を求める必要がある。二つの多元符号の違いの程度は2元符号と同じく符号間のハミング距離を用いる。すなわち，対応する位置のシンボルが異なっている個数で表し，シンボルの値の差は問題にしない。

また，5.2.1項で述べた組織符号の符号表現として，符号の全長をnシンボル（2元符号ではビット），情報をkシンボル（同ビット）として，(n, k)符号のように表す。したがって，検査シンボル（同ビット）数は$n-k$である。

(a) **BCH符号**　BCH符号は，1959年にフランスのHocquenghem（オッケンジェム），1960年にインドのBose（ボーズ）とChaudhuri（チョドーリ）により提案された符号であり，考案者の名前から命名された。

実用上は2元符号として使用される。特徴は符号長と誤り訂正能力（誤り訂正可能な個数）の選択範囲が広いこと，復号器が簡単で高速動作できることである。いくつかの誤り訂正能力に対するBCH(n, k)符号の例を示す。tは訂正可能な誤り個数（ビット数），d_Hは最小ハミング距離である。

- $t = 1 (d_H = 3)$: $(3, 1), (7, 4), (15, 11), (31, 26), (63, 57), \cdots (255, 247), \cdots$
- $t = 2 (d_H = 5)$: $(15, 7),\ \ (31, 21), (63, 51), \cdots (255, 239), \cdots$
- $t = 3 (d_H = 7)$: $(15, 5),\ \ (31, 16), (63, 45), \cdots (255, 231), \cdots$
- $t = 4 (d_H = 9)$: $(63, 39), \cdots (255, 223), \cdots$

BCH符号は高速処理が要求された初期の衛星通信や，初期の携帯電話の制御チャネルに使用された。音声通話チャネルでは聞き直せるため軽い誤り訂正

符号でよいが，制御チャネルは発着信などの重要な情報を正確に伝えるため，強力な誤り訂正能力をもつ BCH 符号が用いられた。

（b） リード・ソロモン（RS）符号　リード・ソロモン（RS）符号は 1960 年に英国の Reed と Solomon によって提案された符号である。BCH 符号は主に 2 元符号として使用されるが，RS 符号は 1 シンボルが m ビットで構成される 2^m 元符号であり，複数個のシンボル誤りを訂正できる。主に $m=8$ ビット（1 バイト）として使用し，**バイト誤りの訂正**が可能である。

1 シンボルが m ビットの RS (n,k) 符号では，符号シンボル長 n，情報シンボル数 k，（検査シンボル数 $n-k$），訂正可能なシンボル数 t や最小ハミング距離 d_H（$=2t+1$）の間にはつぎの関係がある。

$$\left.\begin{array}{l} \text{・符号シンボル長}：n=2^m-1 \\ \text{・情報シンボル数}：k=n-d_H+1 \\ \text{・検査シンボル数}：n-k=d_H-1=2t \end{array}\right\} \quad (7.17)$$

RS 符号では検査シンボル数の半数のシンボルを訂正できる。RS 符号は**最大距離分離符号**で，同一のハミング距離をもつ符号の中で検査シンボル数が最小となり，符号化率（$\eta=k/n$）が高い優れた符号である。

1 バイト単位の RS 符号（$m=8$）では，式（7.17）から符号長は $n=2^m-1=255$ バイトになる。情報バイト数が $k=223$ の場合，検査バイト数が $n-k=255-223=32$ バイトとなり，誤り訂正可能なバイト数は $t=(n-k)/2=32/2=16$ バイトとなる。

符号長を 255 バイト以外に設定するために RS 符号の**短縮化**を行う。例えば，後の表 7.2 に示すように，地上や衛星ディジタルテレビ放送では RS（204, 188）符号が使用される。これは情報の先頭に 51 バイト分のダミーデータ "0" を付加して 239 バイトにして RS（255, 239）符号とする。実際には "0" データは送信せず，受信側では "0" を挿入して処理する。両者とも検査バイト数は $(n-k)=16$ バイトで，誤り訂正可能なバイト数は $t=16/2=8$ バイトである。

RS 符号は処理が複雑であるが誤り訂正能力が高い。1980 年代初頭，家庭用民生品である音楽 CD に RS 符号が応用されて成功を収め，おおいに注目され

た.その後,地上や衛星ディジタルテレビ放送,CD,DVD,BDなどの光ディスク(7.2.4項参照)やQRコードの誤り訂正に使用されている.

(c) イレージャによる訂正 RS符号のような訂正符号ではないが,関連して誤り訂正に使用される**イレージャによる訂正**を説明する.

最小ハミング距離がd_Hの符号を考える.いま,なんらかの手段で,受信符号中の何個かのシンボルに誤りの可能性があり,それらの位置がわかっているとする.これらのシンボルは消失(イレージャ)したと考えてシンボル値は不定値としてマークしておく.イレージャの個数がd_H-1以下であれば受信符号を正しい符号(符号語)に訂正できる.

誤り訂正の原理は受信符号から最もハミング距離が近い符号語に訂正することである.イレージャ以外の正しいシンボル部分のみに注目すると,これに一致する部分を持つ符号語が必ず1個あり,この符号語に訂正する.正しいシンボル部分については,この符号語との距離は0になる.一方,最小ハミング距離がd_Hであり,イレージャ個数がd_H-1以下なので,他の符号語との距離は1以上になり,訂正した符号語への距離が最も近い.

7.2.2 組合せ符号

二つの符号化を組み合わせて2重に符号化する方法で,符号のハミング距離を各符号のハミング距離の積以上に拡大できる.

(a) 積符号 情報シンボル(バイト,ビット)を例えば縦(列)方向に配置し,続く情報シンボルを横(行)方向に並べる.各列の情報シンボルごとに誤り訂正符号化の検査シンボルを付加し,さらに情報シンボルを横断して各行にも誤り訂正用の検査シンボルを付加したものを**積符号**という.DVDの誤り訂正には積符号が使用されている(7.2.4項参照).

[例7.4] 水平・垂直パリティ検査符号のハミング距離

6.1.2項で述べた水平垂直パリティ検査符号は積符号になっている.水平・垂直ともに単一パリティ検査符号を用いている.単一パリティのハミング距離は$d_H=2$であるが積符号にすると$d_H=2\times2=4$となる.単一パリティ検査符

号単独では1ビット誤りの検出だけであったが，積符号にすれば1ビット誤りを訂正し3ビット誤りまで検出できるようになる（[例題6.1]参照）．　」

（**b**）　**連接符号**　　連接符号は図7.7に示すように，同種や異種の符号化を2重に施す符号化で，通信路に近い内側の符号を**内符号**，外側の符号を**外符号**と呼ぶ．送信情報は外符号，内符号の順で符号化され，受信側では逆の順で復号化する．連接符号のハミング距離は両符号の距離の積の値以上になり，誤り訂正能力の改善効果は大きい．

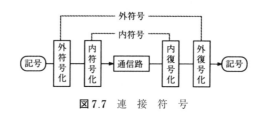

図7.7　連　接　符　号

オーディオや映像の情報はバイト単位での処理が多いため，外符号にはバイト誤りを訂正できるRS符号，内符号にはRS符号や次節で述べる畳込み符号が使われることが多い．畳込み符号ではビット単位で処理される．地上波や衛星ディジタルテレビ放送では外符号にRS符号，内符号には畳込み符号が使用されている．CDでは内・外符号ともRS符号を用い，外と内符号の間で次項のインタリーブをかける（7.2.4項参照）．

7.2.3　インタリーブ

誤りが集中するバースト誤りは訂正が難しいため，誤りを分散・ランダム化することによってバースト誤りを訂正することがよく行われる．代表的な方法として符号列を交錯させる**インタリーブ**（interleaving）がある．これは送信側と受信側に符号列を蓄積するメモリを用意して，**図7.8**に示すように書込み方向と読出し方向を交錯させる方法である．

送信側では行方向に書き込んだ符号列を列方向に読み出して送信する．通信路でのバースト誤りは符号列の一部に集中した誤りを与える．受信側でインタ

7.2 誤り訂正符号

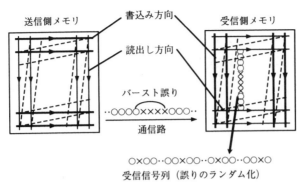

図 7.8 インタリーブ

リーブを解くことを**デインタリーブ**という。受信符号を列方向に書き込むので集中した誤りは列方向に並ぶ。これを行方向に読み出すため受信符号が含む誤りは各行に分散されてバースト誤りをランダム化できる。

7.2.4 光ディスクの誤り訂正

CD, DVD, BD（ブルーレイディスク）などの光ディスクで使用されている誤り訂正の仕組みを解説する。これら3種類の光ディスクの比較を**表7.1**に示

表7.1 光ディスクの特性比較

項目　　　メディア	CD	DVD	BD
発売年	1982 年	1996 年	2003 年
記録面までの深さ	1.1 mm	0.6 mm	0.1 mm
読取り LD の波長	780 nm（赤外）	650 nm（赤）	405 nm（青紫）
光スポット直径	1.42 μm	0.89 μm	0.39 μm
トラックの線記録密度	213 Byte/mm	463 Byte/mm	1 040 Byte/mm
転送速度	1.4 Mbps	11 Mbps	36 Mbps
記録容量（片面1層）	0.70 GB	4.7 GB	25 GB
主な記録対象と記録時間	非圧縮オーディオ 約1時間	SDTV 画質 約2時間	HDTV 画質 約2.2時間
誤り訂正方式	RS 連接符号	RS 積符号	LDC + BIS
RS(n,k)符号：内符号　　　　　：外符号	RS(32,28) RS(28,24)	RS(182,172) RS(208,192)	RS(248,216) RS(62,30)

す．ディスクはいずれも直径 12 cm，厚さ 1.2 mm であるが，CD から BD までの 20 年間の技術進歩により記録密度が飛躍的に増大した．CD のデジタルオーディオ録音から，DVD の標準画質（SDTV；アナログテレビ程度）録画，さらに，BD では高精細画質（HDTV；ハイビジョン）録画が可能になった．

記録密度が増大すればディスクの傷や汚れが同じでもバースト誤りが増加し，より強力な誤り訂正が必要になる．誤り訂正の仕組みも進歩して各メディアで異なるが，誤り訂正符号にはいずれも RS 符号が使用されている．

（a）CD の誤り訂正 　CD の誤り訂正の方式は **CIRC**（cross interleaved Reed-Solomon code：サーク：2 重符号化リード・ソロモン符号）と呼ばれる．図 7.9 に示すように，連接符号の外符号，内符号ともに RS 符号で，両符号化の間でインタリーブを行う．

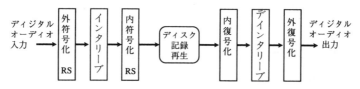

図 7.9　CD の誤り訂正（CIRC）

誤り訂正符号化の様子を図 7.10 に示す．CD はオーディオ波形の 1 サンプルを 16 ビット（2 バイト）で量子化する（9.2.1 項参照）．ステレオの左右 2 チャンネルの 1 サンプル 4 バイトを 6 サンプル分まとめた 24 バイトを 1 フレームとし，フレーム単位で誤り訂正符号化する．

外符号化では RS（28, 24）符号により 1 フレーム 24 バイトに検査 4 バイトを付加して 28 バイトとする．つぎに，バースト誤りのランダム化のためにインタリーブをかける．28 バイトのバイトごとに 4 フレーム分ずつの遅延を与え，約 100 フレーム分の時間範囲に 28 バイトを分離・分散する．内符号化では分散されて異なるフレームからの 28 バイトに対して RS（32, 28）符号化を行い，検査 4 バイトを加えて 32 バイトとする．これを CD に記録する（8.1.3

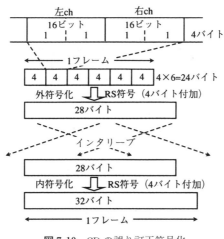

図7.10 CDの誤り訂正符号化

項参照)。

復号は逆の順序で行われる．内符号の検査バイトは $n-k=4$ バイトで，式(7.17)から $t=2$ バイトまで訂正できる．外符号も同様であるが，内符号の誤り検出の情報を用いてさらに2バイトまでの誤り訂正が可能になる．

（b） DVDの誤り訂正　DVDでは2種類のRS符号の積符号により誤り訂正を行う．DVDではビデオ録画だけでなく，より高い信頼性が必要なデータの記録再生も可能なように，強力な誤り訂正方式が使用された．

図7.11に誤り訂正符号ブロックを示す．誤り訂正はブロックと呼ばれるデータのまとまりごとに処理され，DVDでは1ブロック内に約32Kバイト（192バイト×172列＝33024バイト）のユーザデータが含まれる．

DVDへの記録時は，まず外符号化のRS（208,192）符号により，データの192バイトに検査16バイトを付加して全長208バイトとし，ブロックの縦（列）方向に入力する．172列のデータを順次外符号化したものを横（行）方向に並べる．内符号化では172列の符号を横断する各行に対してRS（182,172）符号により検査10バイトを付加して全長182バイトとする．全208行を内符号化し，ブロックから行方向に読み出して記録する．

DVDの再生では，ディスクから読み出されたデータはブロックの行方向に

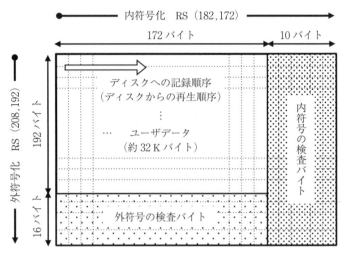

図7.11 DVDの誤り訂正符号ブロックの構造

書き込まれる。まず，内符号の1行182バイトを復号する。内符号は検査バイトが10バイトなので5バイト誤りまで訂正できる。もし，非常に長いバースト誤りなどで訂正能力を超える場合は，1行全部にイレージャのマークを付けて後の外符号の復号でイレージャによる訂正を行う（7.2.1項(c)参照）。

つぎに各列208バイトの外符号を復号する。バースト誤りが数行にわたっても，列方向には数個の誤りになって訂正が容易になる。外符号は検査バイトが16バイトなので8バイト誤りまで訂正でき，さらに16個までのイレージャを訂正できる。以上で誤りはほぼ訂正できるが訂正能力を超える場合は，イレージャにより再度内復号化を繰り返せば誤りをなくすことができる。

（c） **BDの誤り訂正**　BDはDVDに比べて記録密度が5倍になり，カバー層厚が0.1 mmに薄くなったため，誤り特性ではDVDのランダム誤りやバースト誤りに加えて比較的短い数十バイトのバースト誤りの増加が予想された。このためBDでは図7.12のような誤り訂正符号ブロックが採用された。

データはLDC（long distance code）と呼ばれるRS（248,216）符号により符号化されてブロックの縦方向に書き込まれる。検査バイトが32バイトなので，16バイト以下の誤りを訂正，32個以下のイレージャも訂正できる。LDC

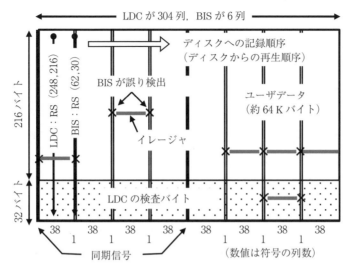

図 7.12　BD の誤り訂正符号ブロックの構造

は横方向に並べられ全部で 304 列となる．ユーザデータは 216 バイト × 304 列 ＝ 約 64 K バイトで，DVD の 2 倍の大きさをもつ．

さらに縦方向には BIS（burst indicator subcode）と呼ばれるバースト誤り検出専用の符号をもつ．BIS は RS（62, 30）符号で，4 符号分で LDC と同じ長さにし，LDC の 38 列に 1 列の割合で BIS を挿入する．BIS の検査バイト数は全長の半分以上の 32 バイトで，非常に強力な誤り検出・訂正能力をもつ．

ディスクへの記録・再生は横方向に行うのでバースト誤りは横方向に現れる．図 7.12 中の × 印で示したように，BIS の複数の列の同じバイト位置で誤りを検出すれば，それに挟まれる横方向の部分にバースト誤りが生じたと判定する．この部分の全部の LDC の同じ位置をイレージャとし，LDC 復号化でイレージャ訂正をおこなう．このような仕組みにより BD は DVD よりもバースト誤りに非常に強い特性をもっている．

7.3 畳込み符号

これまでのパリティ検査符号,ハミング符号,CRC 符号,あるいは BCH 符号,RS 符号などでは,情報ビットを一定の長さに区切ったブロックに対して一定長の検査・訂正ビットを加えて送信符号とした。このように各ブロック単位に符号化・復号化される符号を**ブロック符号**と呼ぶ。

伝送路での誤りは,前後のビットの誤りと関係することが多く,過去の誤り状態が現在のビット列に影響を及ぼす。この場合,各ブロックごとに検査・訂正するのではなく,過去のブロックの誤り状態も考慮するほうが誤り訂正能力が向上する。このように,ブロックごとではなく,連続したビット列に対して符号化する符号を**非ブロック符号**と呼ぶ。

本節では,代表的な非ブロック符号である**畳込み符号**(convolutional encoding)を取り上げて説明する。また,畳込み符号の代表的な復号法である**ビタビ復号**(Viterbi decording)を説明する。これらは衛星通信や放送,移動通信関係でよく用いられる。

7.3.1 畳込み符号化

(a) **畳込み演算** 回路に任意の波形を入力した場合の出力応答は,畳込み演算により求められる。**図 7.13**(a)に示すようにアナログ回路にインパルス波形(δ 関数)を入力したときの応答,インパルスレスポンス $h(t)$ は,回路のすべての情報(振幅,位相の周波数特性など)を含んでいる。

この回路に任意の時間波形 $f(t)$ を入力した場合の応答波形 $g(t)$ は,次式の畳込み(convolution)演算で与えられる。

$$g(t) = \int_{-\infty}^{\infty} f(t-\tau)h(\tau)d\tau = \int_{-\infty}^{\infty} f(\tau)h(t-\tau)d\tau \equiv f(t) * h(t) \qquad (7.18)$$

ここで $*$ 印は二つの関数の畳込み演算を表す。

2 値の離散系列では図 7.13(b)に示すように,1 ビットのみが "1" であり他

7.3 畳込み符号

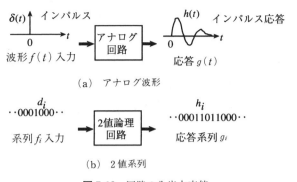

図7.13 回路の入出力応答

は "0" が連続する系列を入力したときの応答がインパルス応答に対応し、$t>0$ の時刻にも影響が残る。この回路にビット列 f_i を入力したときの応答を g_i とする。添え字 i は時刻を表すクロックである。f_i および g_i は "0" または "1" で、g_i はアナログ回路と同様に次式の畳込みで与えられる。

$$g_i = \sum_{j=-\infty}^{\infty} f_{i-j} h_j = \sum_{j=-\infty}^{\infty} f_j h_{i-j} \equiv f_i * h_i \tag{7.19}$$

ここで、$\sum$ は XOR の演算である。畳込み演算では現在の出力が過去の入力ビットと回路の特性に関係する。

(b) 符号化回路と応答　簡単な符号化回路の例を図7.14に示す。2個のシフトレジスタ（遅延素子 D）と XOR によって構成される。本例ではクロック $T=i$ において、1ビット入力 f_i に対して $g_i^{(1)}$ および $g_i^{(2)}$ の2ビットを並列に出力し、$g_i^{(1)}$, $g_i^{(2)}$ の順序で直列に直して送信する。

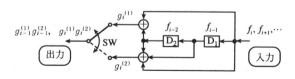

拘束長：$K=3$　　符号化率：1/2

図7.14 畳込み符号化回路

(n,k) ブロック符号では情報 k ビットに冗長を付加して n ビットに符号化するので、符号化率は式 (5.1) の $\eta=k/n$ で表した。同様に、畳込み符号で

も入力ビット数 k に対する出力ビット数 n により**符号化率**を k/n で表す。ここでは1ビット入力に対して2ビット出力であるから，符号化率は1/2である。

シフトレジスタが m 段あれば，現在の出力ビットは過去 m ビットの入力と現在の入力ビットの影響を受ける。この影響を受けるビット数を拘束長 K と呼び，$K=m+1$ で与えられる。図7.14の回路では $m=2$ であり，**拘束長**は $K=3$ となる。拘束長が長いほど訂正能力が増す。なお，$K=m$ とする書物もあるが，その場合，図7.14の回路は $K=2$ となるので注意が必要である。

図7.14の回路に2値インパルス系列

$$d_i = (\cdots d_{-1}, d_0, d_1, d_2, d_3, \cdots) = (\cdots 0, 1, 0, 0, 0, \cdots) \tag{7.20}$$

を入力すれば，二つのインパルス応答はつぎのようになる。

$$\left.\begin{array}{l} h_i^{(1)} = (\cdots h_{-1}^{(1)}, h_0^{(1)}, h_1^{(1)}, h_2^{(1)}, h_3^{(1)} \cdots) = (\cdots 0, 1, 0, 1, 0, \cdots) \\ h_i^{(2)} = (\cdots h_{-1}^{(2)}, h_0^{(2)}, h_1^{(2)}, h_2^{(2)}, h_3^{(2)} \cdots) = (\cdots 0, 1, 1, 1, 0, \cdots) \end{array}\right\} \tag{7.21}$$

一般的な入力系列を次式で与えれば

$$f_i = (\cdots f_{i-2}, f_{i-1}, f_i, f_{i+1}, f_{i+2}, \cdots) \tag{7.22}$$

出力は式 (7.19) から，式 (7.21) と式 (7.22) の二つの系列の畳込みとして次式のように得られる。ただし，初期状態ではレジスタはすべて "0" とする。

$$\left.\begin{array}{l} g_i^{(1)} = f_i * h_i^{(1)} = \sum_{j=-\infty}^{\infty} f_{i-j} h_j^{(1)} \\ \quad = \cdots \oplus f_{i-3} h_3^{(1)} \oplus f_{i-2} h_2^{(1)} \oplus f_{i-1} h_1^{(1)} \oplus f_i h_0^{(1)} \oplus f_{i+1} h_{-1}^{(1)} \oplus \cdots \\ \quad = f_{i-2} \oplus f_i \quad (\because h_2^{(1)} = 1, h_1^{(1)} = 0, h_0^{(1)} = 1) \\ g_i^{(2)} = f_1 * h_i^{(2)} = \sum_{j=-\infty}^{\infty} f_{i-j} h_j^{(2)} \\ \quad = \cdots \oplus f_{i-3} h_3^{(2)} \oplus f_{i-2} h_2^{(2)} \oplus f_{i-1} h_1^{(2)} \oplus f_i h_0^{(2)} \oplus f_{i+1} h_{-1}^{(2)} \oplus \cdots \\ \quad = f_{i-2} \oplus f_{i-1} \oplus f_i \quad (\because h_2^{(2)} = 1, h_1^{(2)} = 1, h_0^{(2)} = 1) \end{array}\right\}$$

$$\tag{7.23}$$

図7.14は拘束長が3ビットの回路である。現在の出力，$g_i^{(1)}$，$g_i^{(2)}$ は f_{i-2} から f_i までの3ビットで決まる。

（**c**）　**状態の遷移**　　出力ビットは，過去の入力値にも依存し，**記憶のある情報源**からの出力となる。本例ではレジスタが2個あるので $2^2 = 4$ 種類の状態

（state）がある．クロックに従ってビットが入力すれば，別のレジスタ状態に遷移する．この関係を示した**図7.15**を**状態遷移図**という．

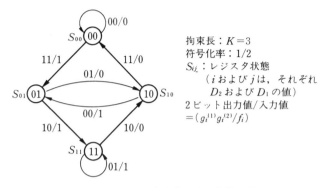

図7.15 図7.14の符号化回路の状態遷移図

状態 S_{ij} はレジスタ D_2 の値が i，D_1 の値が j であることを示す．図中の矢印は遷移が起こる経路（パス）で，付記した値 xy/z は，入力ビット（f_i）の値が z のとき，2ビット xy（$g_i^{(1)} g_i^{(2)}$）の値を出力して状態が遷移することを示す．

遷移するパスは限られている．例えば，状態00と状態11は互いに遷移はなく，状態01から状態00に遷移することもない．パスが限定されていることが誤り訂正の手がかりになる．誤りが生じて本来起こらないパスの遷移があった場合には誤りを検出し，これに近い可能なパスに訂正できる．

（**d**）**トレリス線図**　図7.15の状態遷移と出力符号を時間系列で示すと**図7.16**のようになる．このような図を**トレリス線図**（trellis：四つ目格子）と呼ぶことから，畳込み符号は**トレリス符号**（の一種）とも呼ばれる．

符号化の出力を求める場合は，特にトレリス線図は必要としないが，復号化の過程で使われる．

トレリス線図の実線および破線は，それぞれ入力が"1"および"0"の場合のパスを示す．また，パスに付記した値は出力2ビット／入力1ビットを表しており，状態遷移図に付記した値と同じである．

7. 実用的な誤り検出・訂正符号

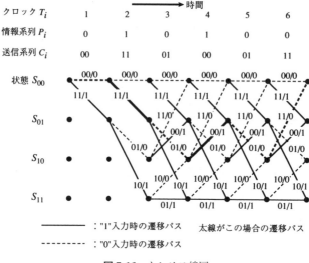

図 7.16　トレリス線図

　図は可能なパスをすべて表しているが，状態遷移図と同じく，遷移が起こらないパスもあることに注意する。これにより出力系列パターンの数が限られ，これによってハミング距離を大きくできる。

　図の太線のパスは，入力情報系列 P_i が（010100）の 6 ビットの場合の遷移を示す。これに対する出力符号（送信符号）列 C_i は（00 11 01 00 01 11）の 12 ビットになる。

　畳込み符号では最初と最後は状態 S_{00} となるように符号化する。これにより符号化する情報ビット列に制限が加わる。ここの例では情報の最後 2 ビットが 00 となる必要があるが，情報列全体が長いので通常は問題にならない。それよりも復号化でこの制限を活かして復号を容易にできる利点が大きい。

　[**例題 7.4**]　図 7.14 の符号化回路に情報系列 P_i（101100）が入力した場合の出力ビット列を求めよ。

　[**解**]　図 7.15 の状態遷移図から求める。初期状態 S_{00} から開始する。最初の入力 1 により，11 を出力して S_{01} に遷移する。つぎの入力 0 により，01 を出力して S_{01} から S_{10} に遷移する。この手順を続けて，最後は S_{00} に到達する。結局，出力列は（11 01 00 10 10 11）となる。

7.3.2 ビタビ復号

受信側における畳込み符号の復号には**ビタビ復号**（Viterbi decoding）がよく用いられる。これは受信ビット列に対して，確率的に最も確からしいパスを通ってきた符号系列を送信符号と考えて復号する**最尤復号**（maximum likelihood decoding）アルゴリズムである。

確からしい尺度を**メトリック**（metric）と呼ぶ。メトリックとして，受信系列に従うパスと本来可能なパスとの間のハミング距離を計算し，系列全体として最もハミング距離が小さいものを正しい送信符号系列であると判定する。

（**a**）　**入力列と誤りの例**　　先に用いた図7.14の符号化回路に対するビタビ復号の過程を説明する。情報の入力系列 f_i をつぎの6ビットとすれば

$$P_i = (010100)$$

トレリス線図7.16に示すように出力系列 $g_i^{(1)}$，$g_i^{(2)}$ はつぎの12ビットとなり，これを送信する。

$$C_i = (g_i^{(1)} g_i^{(2)}) = (00\ 11\ 01\ 00\ 01\ 11)$$

伝送路で2ビットの誤りが発生するとし，その誤りパターンをつぎのように第4と第7ビットの2か所に仮定する。

$$E_i = (00\ 01\ 00\ 10\ 00\ 00)$$

この場合，受信される符号は次式のようになる。

$$C'_i = C_i \oplus E_i = (00\ 10\ 01\ 10\ 01\ 11)$$

受信符号列から送信符号列を復号するが，先に述べたように，畳込み符号では状態 S_{00} から始まり S_{00} で終わるように系列に制限を加え，復号ではこの制限も利用する。この条件のもとで，想定される符号系列のパスをトレリス線図で表したものが**図7.17**である。図7.16に比べて，系列によらず最後が S_{00} になる制限があるため可能なパスは少なくなる。

（**b**）　**ビタビ復号の手順**　　図7.17のトレリス線図により復号手順を説明する。各クロックの時刻において，受信系列のパスと可能なパスとの間で各出力2ビットを比較してそれらのパスの間のハミング距離を計算する（各パスの出力ビットは図7.15，または図7.16を参照）。

7. 実用的な誤り検出・訂正符号

クロック T_i	1	2	3	4	5	6
情報系列 P_i	0	1	0	1	0	0
送信系列 C_i	00	11	01	00	01	11
誤り系列 E_i	00	01	00	10	00	00
受信系列 C'_i	00	10	01	10	01	11

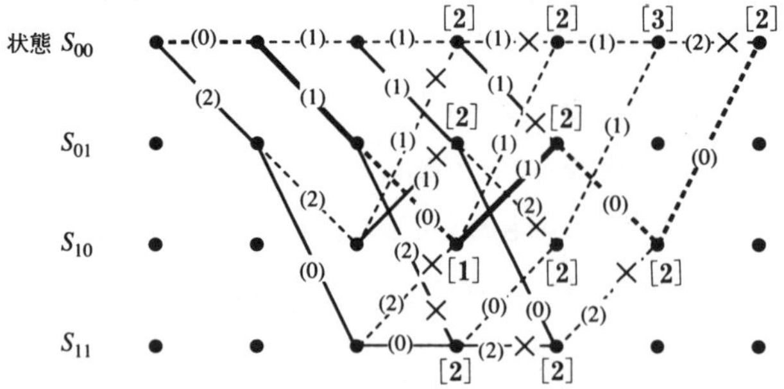

(n)はパス単独のハミング距離，[n]はハミング距離の累積値

図7.17　ビタビ復号

(1) クロック $T=1$ では，受信符号は 00 である。S_{00} から S_{00} への遷移では 00 が出力されるので，受信符号 00 とのハミング距離は 0 である。このハミング距離の値をこのパスに(0)のように記入する。

一方，S_{00} から S_{01} への遷移では 11 が出力されるので，受信符号 00 とのハミング距離は 2 で，このパスに(2)を記入する。

(2) クロック $T=3$ が入力された時点まで同様に，各パスについてハミング距離の計算を行い数値を記入する。

(3) $T=3$ の入力後は，一つの状態に合流するパスが発生し，各状態に入るパスは2本ずつになる。ここで各状態に到達するまでのハミング距離の累積値（(2)などと記入したハミング距離の和）を計算する。

(4) 各状態への入力パス2本のうち，距離の累積値が大きいパスは捨て，小さいパスのみを残す。残したパスを**生き残りパス**（survival path）という。捨てるパスには×を付ける。生き残りパスのハミング距離の累積値をその状態点に [2] のように記入しておく。

(5) 上記の計算を以後の各クロックについて行う。

(6) 最後の $T=6$ の入力後は，状態 S_{00} での最小のハミング距離の累積値は［2］になる。したがって，受信符号には2ビットの誤りがあったことがわかる。
(7) 最後の状態から生き残りパスを逆にたどっていけば正しいパス（図中の太線で示したパス）が得られ，送信符号に誤り訂正できる。

この例では，三つのパスを通過後にパスの合流が生じる。これは畳込み符号化の拘束長 $K=3$ に一致する。より強力な誤り訂正を行うには拘束長を大きくする必要がある。

ビタビ復号では合流点で生き残りパスだけを残して以後のパスのハミング距離を計算する。すべてのパスを残して計算すれば，より小さいハミング距離のパスがあるかもしれないが，計算量が指数関数的に増大し復号に膨大な時間を必要とする。捨てたパスが正しい確率は一般に小さく，生き残りパスだけを考慮することによりビタビ復号は計算時間を削減する。

ビタビ復号で誤り訂正を行う場合，復号した符号がどれだけ信頼性が高いかの情報も付加的に得られる。すなわち最後の生き残りパスのハミング距離の累積値が信頼度を示している。もし，さらに後段の処理があれば，復号語にこの値を付けることにより後段での判定で考慮することが可能になり，より高い信頼性のある復号ができる。

7.4　新しい誤り訂正符号

これまでに誤り検出・訂正符号の実用例として CRC 符号，BCH 符号，RS 符号，畳込み符号や符号の組合せを学んだ。これらは1960年代に考案されたもので，シャノンの通信路符号化定理（5.6.2項参照）が示す誤り訂正の性能限界に近い性能をもつ符号として長く使われてきた。

ところが1990年代に新たにターボ（turbo）符号の提案や LDPC（low density parity check，低密度パリティ検査）符号の再発見がなされた。新しい符号は従来よりもシャノン限界に近い優れた性能をもつことが明らかにされ，

最近のシステムにも採用されている。これらは，復号の信頼度の確率に基づいて繰り返し処理する**反復的復号法**を用いることが特徴である。

本節ではこのようなターボ符号と LDPC 符号を簡単に説明する。また，新しい誤り制御方式であるハイブリッド ARQ についても説明する。これらの方式を採用している放送や無線通信システムの実例も紹介する。

7.4.1　タ ー ボ 符 号

ターボ符号は 1993 年，フランスの Berrou（ベロー）により提案され，シャノン限界に迫る高い誤り訂正能力が示された。送信側では情報データとそれを並べ替えたデータを 2 組の符号器によりそれぞれ符号化する。受信側も 2 組の復号器をもち，一方の復号器には他方の復号器の出力情報をフィードバックし，たがいに復号情報を利用して繰り返し復号を行う。

ターボの名称は自動車のターボチャージャ・エンジンに由来している。これは，排気の力でターボチャージャを駆動してシリンダ内に空気を強制充填し，排気量以上の出力を得ている。排気の力をフィードバックすることでエンジンの性能を高める点が，ターボ符号の復号方法に似ている。

（a）　**符号化**　　図 7.18（a）に示すように，ターボ符号器は 2 組の符号器とインタリーバから構成される。また，図（b）に符号器 1，2 の内部構造を示す。これらは畳込み符号器であるが，図 7.14 とは異なり 1 入力 1 出力，フィードバックをもつ再帰型である。インタリーバは入力と出力のビット列が無相関になるようにビット位置を置換する。情報符号 I の入力に対して，（1）そのまま I を出力，（2）符号器 1 で検査（パリティ）符号 P を生成，（3）インタリーバ通過後に符号器 2 で検査符号 P_x を生成，の 3 系統が出力される。

P_t，P_{xt} は P，P_x を間引いた**パンクチャド符号**で，送信側で一定の規則によりビットを間引き，受信側では間引かれた箇所にダミービットを挿入する。ダミービットには 2 値 1，0 の中間値である 0.5 などを仮に与えておけば他のビット系列とともに復号できる。間引くビット数を変えることにより符号化率を可変にできる。送信符号は 3 系統が多重化されるが I，P_t および P_{xt} に明確

7.4 新しい誤り訂正符号　135

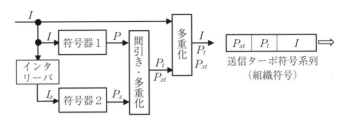

（a）　ターボ符号化のしくみと符号の構成

I：情報符号，　I_x：インタリーバによるIの並び替え，
P, P_x：検査符号，　　P_t, P_{xt}：P, P_xを間引いた送信符号

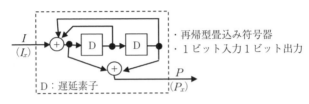

（b）　符号器の内部

図7.18　ターボ符号の符号器の構成

に区分される組織符号であり，復号ではおのおのを分離して使用する。

（**b**）　**復号化**　　図7.19にターボ復号器の構成を示す。デインタリーバはインタリーバにより並び替えられたビット順序を元に戻す。符号器と対応して復号器も2組あり，インタリーバ/デインタリーバを介してたがいに直列接続される。**軟判定**は，ディジタルの2値1，0のみを扱う**硬判定**に対して，1または0に近い程度も表せるように0.1や0.85等のアナログ値も扱うもので，最後に硬判定するまで処理の精度を維持できる。復号には**最大事後確率**

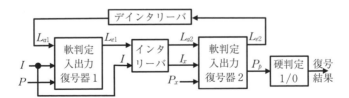

L_{a1}, L_{a2}：復号器1，2の事前情報，　　L_{e1}, L_{e2}：復号器1，2の外部情報
P_p：事後確率，　　　その他の記号は図7.18と同じ

図7.19　ターボ符号の復号器の構成

(MAP, maximum a posteriori probability) **復号法**やその改良法を用いる。MAP復号法はビット y を受信したとき，条件付き確率 $P(x|y)$ を最大にする x を送信ビットと判定するアルゴリズムで，復号誤り率を最小化できる。

復号器1には受信系列 I, P の他に復号器2からの事前情報 L_{a1} が入力されて復号処理される。復号の信頼度を表す外部情報 L_{e1} を出力し，復号器2の事前情報 L_{a2} とする。復号器2でも同様に，I_x, P_x, L_{a2} を入力し，L_{e2} を出力して復号器1に L_{a1} を与える。復号器がたがいに復号情報を交換する繰り返し復号法により復号の信頼度を向上できる。何回か繰り返した後で復号器2の出力である事後確率 P_p を硬判定して1または0の復号結果を得る。

検査符号系列 P_t と P_{xt} は同じ伝送路を通るが，P_t と P_{xt} との相関が低いため符号誤りの状況が異なる。2組の復号器間で復号情報を交換するとき，相関が小さければたがいに得られる復号情報は大きくなる。符号が非常に長い場合でも相関を小さくするにはインタリーバの性能が重要になる。

ターボ符号は優れた特性をもつが復号に処理時間を要するため，高い信頼性が要求されるが遅延時間がある程度許容される方式に適している。ターボ符号は第3世代携帯電話のパケットデータ通信に採用され実用面でも優れていることが示された。さらに音声も含めてすべてがパケット化された第4世代携帯電話にも使用されている。

7.4.2 LDPC 符 号

LDPC符号（low density parity check code，**低密度パリティ検査符号**）は1962年に米国のGallager（ギャラガー）により提案されたが，当時の計算機の能力不足もあり，またRS符号などが注目される中で長らく忘れられていた。1990年代になってターボ符号の成功によりその反復復号法が見直され，LDPC符号の優れた特性が再発見された。sum-product復号法と組み合わせることにより，ターボ符号と同等かそれ以上にシャノン限界に近づくことが明らかにされ，近年は実システムにも採用されている。

（a） パリティ検査行列 LDPC符号は「非常に疎なパリティ検査行列で

定義される線形ブロック符号である」と説明される。パリティ検査行列は6.4節で述べたようにパリティ検査方程式により符号語を決めるなど，その符号を規定する行列である。**疎な行列**（sparse matrix）とは，0でない要素（2元符号では1）の個数が少ない行列である。また，1の個数が少ないため低密度とも呼ばれる。m行n列のパリティ検査行列Hでは，nは符号長，mは検査ビット長やパリティ検査方程式の個数に相当する。また，情報ビット長は$k=n-m$で与えられ，符号化率は$r=k/n=(n-m)/n=1-m/n$となる。

図7.20はGallagerの疎行列構成法に基づいた簡易な例である。基本行列は各行に6個連続した1をもち，1が列方向に重ならないように階段状に配置する。符号長（列数）をnとすれば検査ビット長（行数）は$m=n/6$で，各行の行重み（1の数）はすべて$w_r=6$，列重みがすべて$w_c=1$である。疎行列は基本行列を3段重ねて2段目と3段目の列をランダムに並び替えて構成する。疎行列は$n/2\times n$，すべての行と列で$w_r=6$，$w_c=3$，1の全数は$3n$である。

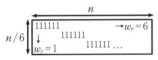

(1) 各行は連続した6個の1をもち重ならないように階段状に配置
(2) すべての行の重み（1の数）：$w_r=6$，すべての列の重み：$w_c=1$
(3) 符号長：n，検査ビット長：$m=n/6$
(4) 全要素数：$n^2/6$，1の全数：n

（a）基本行列（$n/6\times n$）

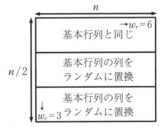

(1) 基本行列を3段重ね
(2) $w_c=3$，$m=n/2$，1の全数：$3n$

（b）構成した疎行列（$n/2\times n$）

図7.20 疎な検査行列の構成例

実際のシステムの符号長は数十から数千ビットになる。符号長nを大きくすると1の個数は，通常の（密な）行列ではnの2乗で増加するが，疎行列では1乗でしか増加しない。LDPC符号の検討には1の個数が$3n$～$8n$程度の疎行列が用いられる。行列内の1の個数が復号処理の計算量や近似精度に関係するために疎な行列を用いる必要がある。

以下では，式 (7.24) に示す $m \times n = 3 \times 6$ のパリティ検査行列 H を例にして説明する．符号長は $n = 6$ ビット，検査ビット長（パリティ検査方程式の数）は $m = 3$，情報ビット長は $k = n - m = 3$，符号化率は $r = k/n = 1/2$ である．

$$H = [h_{ij}] = \begin{bmatrix} 1 & 1 & 1 & 0 & 0 & 0 \\ 0 & 0 & 1 & 1 & 0 & 0 \\ 0 & 0 & 0 & 1 & 1 & 1 \end{bmatrix} \quad (7.24)$$

送信情報 a から送信符号 x を生成する生成行列 G は，$GH^\mathrm{T} = O$ の関係から求められる．ここで，T は転置行列，O は 0 行列を表す．送信符号 x は $x = aG$ で与えられる．パリティ検査方程式は $xH^\mathrm{T} = O$ であり，送信符号語 $x = (x_1, x_2, \cdots, x_6)$ が満たすべき三つのパリティ検査方程式はつぎのようになる．

$$(x_1, x_2, \cdots, x_6) \begin{bmatrix} 1 & 0 & 0 \\ 1 & 0 & 0 \\ 1 & 1 & 0 \\ 0 & 1 & 1 \\ 0 & 0 & 1 \\ 0 & 0 & 1 \end{bmatrix} = (0, 0, 0)$$

$$\therefore \quad x_1 \oplus x_2 \oplus x_3 = 0, \quad x_3 \oplus x_4 = 0, \quad x_4 \oplus x_5 \oplus x_6 = 0 \quad (7.25)$$

受信側では x に代えて受信符号の推定値 y が方程式 (7.25) をすべて満たせば y は符号語であり，誤りなしと判定する．誤り訂正アルゴリズムではパリティ検査方程式の成立をゴールとして反復復号処理する．

（b）**タナーグラフ**　　LDPC 符号の復号法の検討には**図 7.21** のようなタナーグラフが使われる．タナーグラフは式 (7.24) の検査行列のグラフ表現である．上段に $n = 6$ 個の変数ノード（〇印；受信符号に対応），下段に $m = 3$ 個の検査ノード（□印；パリティ検査方程式に対応）を配置する．検査行列の要素が $h_{ij} = 1$ に対応する検査ノード c_i と変数ノード v_j との間をエッジで接続する．エッジで接続されたノードを隣接ノードと呼ぶ．検査行列の 1 の数とタナーグラフのエッジの数は等しく，疎行列ではグラフのエッジの数も少ない．

7.4 新しい誤り訂正符号　139

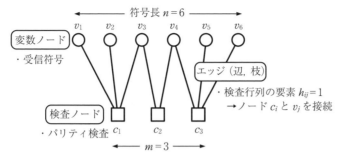

図7.21　式（7.24）の検査行列に対応するタナーグラフ

（c）**復号手順**　LDPC符号の代表的な復号法にsum-productアルゴリズムがある。図7.22に示すように，タナーグラフの変数ノードと検査ノードとの間で受信ビットの信頼度（対数尤度比）を繰り返しやり取りするので確率伝搬法やメッセージ伝達法とも呼ばれる。復号手順の概略はつぎのとおりである。

① 初期値設定：第jビットの受信値p_jを変数ノードv_jに割り当て。

② 変数ノード処理（図(a)）：すべての変数ノードv_jについて，事前値q_{ij}を計算して検査ノードc_iに伝達。q_{ij}の計算にはc_iを除いてv_jに隣接するすべての検査ノードc_{ki}の外部値r_{kij}を使用。

③ 検査ノード処理（図(b)）：すべての検査ノードc_iについて，外部値r_{ij}を計算して変数ノードv_jに伝達。r_{ij}の計算にはv_jを除いてc_iに隣接するすべての検査ノードv_{ki}の事前値q_{kij}を使用。

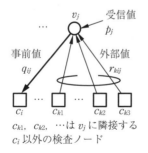

（a）変数ノードv_jでの処理

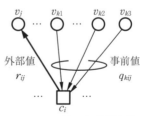

（b）検査ノードc_iでの処理

図7.22　タナーグラフでの反復復号処理

④ パリティ検査：r_{ij}を硬判定した受信符号推定値について式（7.25）のパリティ検査方程式が成立するか，または規定回数になれば終了。そうでなければ手順②に戻り繰り返し。

LDPC符号の変数ノード処理や検査ノード処理では，対象外のノードは無関係なので並列処理により，ターボ符号に比べて高速に処理できる。また，優れた復号性能により，今後本格化するBSやCSによる超高精細4K8Kのディジタルテレビ放送の誤り訂正符号として採用されている。

7.4.3 ハイブリッドARQ

誤り訂正符号ではないが，近年，誤り制御技術として採用されているハイブリッドARQを説明する。誤り制御には5.1.2項で述べた誤り訂正（FEC）と再送要求（ARQ）がある。信頼性よりも遅延時間に厳しい音声通信ではFEC，遅延よりも高い信頼性が要求されるデータ通信ではARQが適用される。しかし，近年の固定や移動通信，インターネットでは音声もパケット化されてデータ通信と統合して扱われるため，高い信頼性と短い遅延時間の両方が要求される。

従来のARQはパケットに誤り検出符号を付けて送信し，受信側で誤りが検出されると送信側にパケットの再送を要求し，誤りパケットは廃棄する。再送パケットは前回とまったく同じもので，再度誤り検出を行う。通信状態が劣化すると再送処理ばかりが増加して実効速度が低下してしまう。

ハイブリッドARQ（hybrid ARQ, **HARQ**）はARQにFECを組み合わせることにより，ある程度の誤りは受信側で訂正して再送処理を減らす方式である。図7.23にその動作を示す。従来のARQと異なる点は，①送信側ではデータに対する誤り訂正符号を生成すること，②受信側では誤りパケットを廃棄せずにメモリに保存し，再送されたパケットと共に誤り訂正に用いること，である。

図7.23に示すようにハイブリッドARQには二通りの方法がある。タイプ1のChase合成法は誤りパケットと再送パケットとは同一内容であり，両者を

7.4 新しい誤り訂正符号　　141

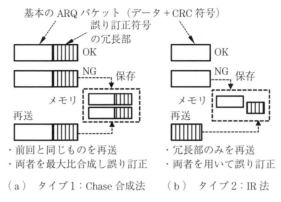

図 7.23　ハイブリッド ARQ の動作

最大比合成して受信符号の信号電力対干渉・雑音電力比を向上させて誤りを低減する．タイプ1では再送が生じない良好な通信状態でもつねに冗長部を付加するので伝送効率はつぎのタイプ2に劣るといわれる．

　タイプ2のIR法（incremental redundancy法）の再送パケットでは誤り訂正符号の冗長部の一部を送信し，初回の誤りパケットと合わせて誤り訂正を行う．さらに誤りがあれば冗長部の別の部分を送信して誤り訂正を行う．誤り訂正符号を徐々に増やす（incremental）には，7.4.1項（a）で述べたターボ符号の検査ビットに対するパンクチャ（間引き）の率を変化させる．

　通信状態の変動が激しい移動通信では，状況に応じて伝送速度を維持するためにハイブリッドARQが採用される．第3世代携帯電話のデータ通信やすべてパケット化された第4世代携帯電話（LTE）では誤り訂正にターボ符号を用い，ハイブリッドARQも採用されている．

7.4.4　放送や無線通信の誤り訂正

ここでは各種誤り訂正符号の実システムへの適用例を簡単に示す．誤り検出符号としては7.1節で説明したCRC符号があり，1960年代に提案され，1975年にIEEE802.3の規格となった．現在もデータ通信やインターネットにおいて主流の技術として使用されている．

7. 実用的な誤り検出・訂正符号

表7.2は誤り訂正技術の適用例で,テレビ放送や携帯電話,無線LANに採用されている方式を実用開始年とともに示す。電波を使うシステムはで伝搬路条件が厳しく,変動も激しいため誤り訂正が必須である。

表7.2 放送や無線通信の誤り訂正

分野	システム	誤り訂正符号など 外):外符号, 内):内符号	実用開始年など
ディジタルテレビ放送	地上ディジタル放送	外)RS(204,188)符号 内)畳込み符号+ビタビ復号	2003年,2Kテレビ
	BS衛星放送	外)RS(204,188)符号 内)畳込み符号+ビタビ復号	2000年,2Kテレビ
	110°CS衛星放送	同上	2002年,2Kテレビ
	狭帯域CS衛星放送	同上	1996年,2Kテレビ
	高度BS衛星放送	外)BCH符号 内)LDPC符号	2018年,4K8Kテレビ
	高度110°CS衛星放送	同上	2018年,4Kテレビ
	高度狭帯域CS衛星放送	同上	2015年,4Kテレビ
携帯電話など	第3世代(CDMAなど)	ターボ符号 ハイブリッドARQ	2001年,音声は別の回線
	第4世代(LTE,LTE-A)	同上	2010年,音声回線も含めて全パケット化
	第5世代(New Radio)	LDPC符号 高速ハイブリッドARQ	2020年に仕様確定
	WiMAX 2+ (IEEE802.16m)	畳込み符号+ビタビ復号 ターボ符号*,LDPC符号* ハイブリッドARQ	2013年(WiMAXは2009年), (*印はオプション)
無線LAN	IEEE802.11bおよび11a	畳込み符号+ビタビ復号	1999年
	IEEE802.11g	同上	2003年
	IEEE802.11n	畳込み符号+ビタビ復号 LDPC符号*	2009年, (*印はオプション)
	IEEE802.11ac	同上	2014年

テレビ放送の誤り訂正については,地上波放送と2002年までに実用化された3種類の衛星放送(BS,110°CS,および124°/128°狭帯域CS)はすべて,外符号にRS符号,内符号に畳込み符号の連接符号を使用している。最高画質もいわゆるハイビジョンのHDTV(高精細TV,2K画質)である。RS符号と畳込み符号との組合せは今世紀初頭まで多く使用された。

7.4 新しい誤り訂正符号

一方，2010年以降に実用開始された3種類の「高度」衛星放送は第2世代とも呼ぶべきものでさまざまな新技術が取り込まれている．最高画質もいわゆるスーパーハイビジョンの UHDTV（超高精細 TV，4Kや8K画質）が可能になった．なお，8Kテレビ放送は衛星放送を用いて2018年12月から世界初の実用放送が開始されている．誤り訂正技術には外符号に BCH 符号，内符号にLDPC 符号の連接符号が採用され，新しい LDPC 符号の性能と実績が認められた．LDPC 符号は十分低い誤り率を達成できるが，誤り率が低いところでSN比がよくなっても誤り率が改善しないエラーフロアが生じることがある．これを除去するために BCH 符号との連接符号として用いる．

携帯電話では第3世代（3G）のデータ通信部分にターボ符号とハイブリッドARQ が採用された．マルチメディアのさまざまな符号長に対応可能で，PC 並にインターネットを使える利便性が向上した．4G携帯電話では音声もパケット化されてすべてデータ通信として扱われる．誤り訂正技術は3Gのターボ符号とハイブリッド ARQ がそのまま継承されている．

5G携帯電話の規格は2019〜2020年に制定予定であるが，誤り訂正にはLDPC 符号と高速なハイブリッド ARQ が採用される可能性が高い．ここでもLDPC 符号の実力が認められそうである．

WiMAX2+(IEEE8.2.16m) は WiMAX の後継システムであるが，誤り訂正方式としてターボ符号や LDPC 符号がオプション機能とされている

無線 LAN の誤り訂正には長く畳込み符号-ビタビ復号が使われているが，2009年以降に制定された IEEE802.11n および 11ac 規格では LDPC 符号もオプションとなっている．

有線系でも，例えば LAN の 10GBASE-T (IEEE802.3an) 規格にも誤り訂正に LDPC 符号が採用されている．また，大洋横断の光ファイバ通信でも LDPC 符号と BCH 符号の連接符号が使われている．誤り訂正技術の流れとしては今後とも LDPC 符号が主流になると考えられる．

演 習 問 題

7.1 生成多項式 $G(x) = x^3 + x + 1$ によるシンドロームを求めてエラーテーブルを作り，これが表6.3と一致することを確認せよ．

7.2 生成多項式を $G(x) = x^3 + x + 1$ とする．問題6.1と同様に "0111100" を受信した．誤りの有無を調べよ．

7.3 生成多項式は $(x^n - 1)$ の因数になっている必要がある．ここでは $n = 7$ で，[例7.2] で用いた $G(x) = x^3 + x + 1$ は $(x^7 - 1)$ の因数になっていることを割り算により確かめよ．

7.4 情報1ビットに2ビットの検査ビットを付加した (3,1) 符号を考える．生成多項式を $G(x) = x^2 + x + 1$ とする．送信符号語を求めよ．

7.5 単一偶数パリティ検査符号の生成多項式は $G(x) = x + 1$ で与えられる．このことを示せ．

7.6 問題7.5の単一偶数パリティ検査符号のCRC符号化回路を示せ．

7.7 オーディオCDの誤り訂正の方法を簡単に説明せよ．

7.8 図7.14と同じ畳込み符号化回路で，情報入力が "011100" であるとき，送信符号系列を求めよ．

7.9 図7.14と同じ畳込み符号化で，受信符号列が "00 01 10 11 10 11" であった．ビタビ復号により送信符号を求めよ．

8 伝送路符号化

 これまでに扱った符号は，0，1の2元符号で表示される論理的な符号であった。実際に符号を伝送や記録・再生する場合には，0，1の論理符号を電圧，電流などの電気的な波形に変換する必要がある。

 電話線や同軸ケーブル，光ファイバ，無線など種々の伝送路に電気信号を通すためには，伝送路の周波数帯域幅や周波数特性，雑音量などを考慮して伝送路特性に整合した符号（電気信号波形）を用いる必要がある。このように，論理的な符号を伝送路に整合した電気信号に変換することを**伝送路符号化**（transmission coding）という。

 3～4章の情報源符号化や5～7章の通信路符号化では，情報に含まれる冗長度を削減して高能率化を図ったり，冗長度を付加して高信頼化を図った。本章で扱う伝送路符号化は，情報そのものの加工はせず，その符号を伝送路に適した電気信号に変換する機能である。

 伝送路符号化は情報理論というよりも通信工学の分野であるが，データ圧縮や誤り検出・訂正を理解するためには伝送路符号化の知識が必須である。本章では，伝送特性や耐雑音性を検討するうえで重要な，伝送路に適した信号波形や変調方式の技術を学ぶ。また，通信路符号化と組み合わせて誤りを低減する手法も簡単に説明する。

8.1 伝送路符号

 0，1からなる符号情報をそのまま電気的信号（電圧の高低など）に変換した波形を**ベースバンド信号**（baseband signal）と呼ぶ。ベースバンド信号は，パソコンやディジタル機器を直接接続する場合や，LAN（local area network）

など近距離の信号伝送に用いられる。

8.1.1 波形の制限要因

信号の伝送，記録・再生においては各種の制限があるが，まず考慮すべき点はつぎの事項である。

- **周波数帯域**：伝送路では，一般に高い周波数（時間的に激しく変化する）成分は減衰や波形のひずみが大きい。また，長距離回線では途中に中継器（増幅器）が入るが，そこでは直流成分がカットされる。
- **クロックの再生**：受信側で正しいタイミングで受信パルス列の0，1を判定するには，常時，同期用クロック信号が正常に再生できる必要がある。

図8.1に示すように，シャープなパルス列を送信しても周波数帯域の制限により受信波形がなまって0，1の判定が困難になる。また，短い時間間隔でパルスを送っても受信側で重なり合うため，高速な伝送ができなくなる。

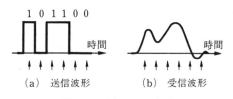

図8.1　受信パルス波形

増幅器では結合容量などで直流がカットされたり，充電により0，1を判定する電圧の基準が変化してしまう。同じ値が連続した波形で直流分が多くなると，受信側でクロックの時刻があいまいになり，正常にクロックを再生できなくなる可能性がある。したがって，信号波形が適度に変化することが望ましい。

8.1.2 ベースバンド信号波形

おもなベースバンド信号を図8.2に示す。図中には直流分の有無，高周波成分の有無，クロック再生の完全性も定性的に示している。これらの特徴を考慮

8.1 伝送路符号　　147

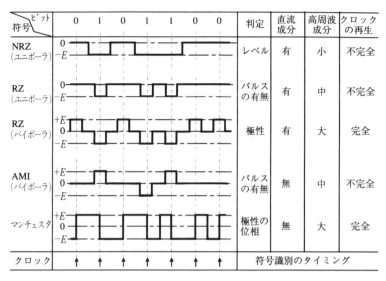

図 8.2　ベースバンド信号方式

して，伝送路に適した方式を採用する．

- NRZ（non return to zero）はビット 1 が連続する場合は 0 レベルに戻さず，変化が少ないため周波数成分は低い．
- RZ（return to zero）はビット 1 が連続しても，ビット間で必ずレベルを 0 に戻す．
- ユニポーラは単極や単流，バイポーラは双極や複流とも呼ばれる．
- バイポーラ RZ やマンチェスタ符号では，ビットごとに必ずレベルが変化するので受信側で変化を検出して完全にクロックを再生できる．
- AMI やマンチェスタ符号は，正負の電圧を交互に生じさせ平均化して直流分をなくしている．

[**例 8.1**]　ベースバンド方式の例

よく使用される信号方式としてはつぎのようなものがある．

- **ユニポーラ NRZ**：計算機内部やその周辺機器で使用される．直流分があり，クロックが不完全でもごく短い距離なので問題とならない．簡単に発生できて周波数成分が低い．

- **AMI**（alternate mark inversion）：単にバイポーラとも呼ばれる。1のパルスについて交互に極性を反転させて直流分をなくしているため中継伝送に適し，ISDN の端末側や同軸伝送方式で使用される。同じ極性のパルスを連続して受信すれば誤りであり，誤り検出もできる。
- **マンチェスタ符号**：0，1でレベルの極性（電圧の変化方向）を反転させ，情報とクロックを同時に伝送する。ビットごとに直流成分が0となるが，高い周波数成分を含む。高周波まで利用できる同軸ケーブルによる LAN などで使用される。

8.1.3 ディジタル記録用信号

上記ではおもに通信用のベースバンド信号を見たが，CD や DVD，BD などの光ディスクに符号0，1を記録する場合も周波数やクロック再生に同様の配慮が必要である。記録のために特に工夫された符号化は，伝送路符号化と区別して**記録符号化**とも呼ばれる。

例えば CD の信号は図 8.3 に示すように記録面（レーザ光の反射面）の凹凸で記録される。ピットと呼ばれる凸部では，レーザ光が干渉散乱して反射光量

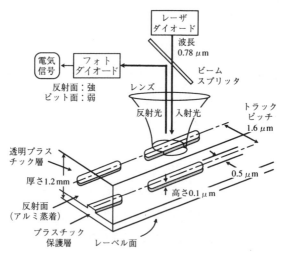

図 8.3　CD の記録面

が低下することを利用して二つの状態を区別している．信号の0，1は，戻る光量が増加側あるいは減少側に変化するピット端で1，記録面やピット部が連続して光量が変化しない個所は0と読み取る．

　ピットや記録面の同じ状態が連続すればクロックが消失する．逆に，激しく変化するとピットの成形が困難であるし，光ピックアップの周波数特性で読取りが困難になる．したがって，ピットには最短と最長の制限がある．

　オーディオ信号の0，1の出力ビット列をそのまま記録するとピット長の制限を満たさないため，1の間隔を変更した符号に変換して記録する．

　図8.4に示すように，処理単位である1バイトの8ビットを14ビットに変換する **EFM**（eight to fourteen modulation）を用いる．これにより信号1の間隔の最短を3ビット，最長を11ビットにしている．さらに，バイト間にまたがってもピット長の制限を満たすために，接続用に3ビットの符号を挿入する．結局，8ビットを17ビットに変換して記録することになる．

　なお，DVDやBDでも0，1の連続数は異なるが同様の変換記録方式が使用され，それぞれ，8/16変調および1-7PP変調とよばれる．

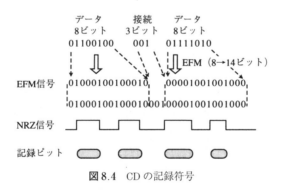

図8.4　CDの記録符号

8.2　変　調　方　式

　ベースバンド信号は名前のとおり低い周波数成分のスペクトルをもつが，通信回線で伝送するには，その伝送路を通せるようにベースバンド信号よりも高

い周波数の搬送波（キャリヤ）にベースバンド信号を乗せて伝送する．搬送波は自分自身は情報をもたず，情報を乗せて搬送する役目をもつ．

搬送波に情報を乗せる操作を**変調**（modulation）という．逆に，受信側で変調信号からベースバンドに戻すことを**復調**（demodulation）という．パソコン通信など，双方向通信で両機能をもつ装置を**変復調器**，または**モデム**（modem＝modulation＋demodulation）という．

8.2.1 ディジタル変調

電話回線は，おもにアナログ音声を通すことを目的に設計されているため，直流分や高い周波数成分は通さず，約 4 kHz の周波数帯域（0.3～3.4 kHz）のみを通過させる．モデムは，この周波数帯域に適合するように，ベースバンド信号の 0，1 に対応して搬送波の周波数や位相を変化させて符号伝送する．

移動通信など，無線通信では高い搬送周波数（電波）に信号を乗せる必要があり，変調操作が必要になる．基本的な**ディジタル変調**には図 8.5 に示すように，ASK，FSK，PSK がある．

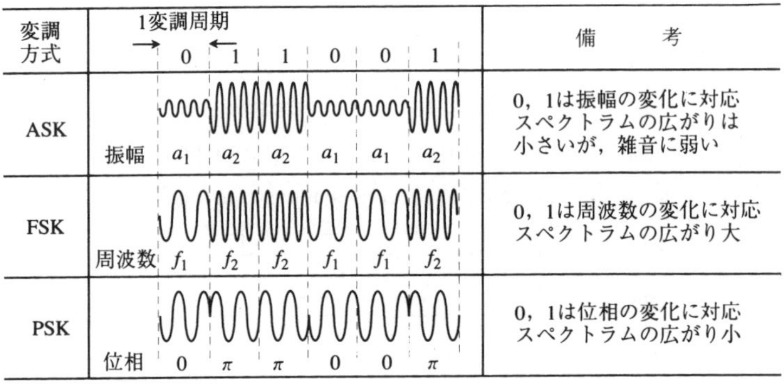

変調方式	1変調周期 → 0 ← 1 1 0 0 1	備考
ASK	振幅 a_1 a_2 a_2 a_1 a_1 a_2	0，1は振幅の変化に対応スペクトラムの広がりは小さいが，雑音に弱い
FSK	周波数 f_1 f_2 f_2 f_1 f_1 f_2	0，1は周波数の変化に対応スペクトラムの広がり大
PSK	位相 0 π π 0 0 π	0，1は位相の変化に対応スペクトラムの広がり小

図 8.5　ディジタル変調方式

・**ASK**（amplitude shift keying，ディジタル振幅変調）：振幅の大きさを離散的に変化させる．アナログ信号での振幅変調（AM, amplitude modulation）に対応する．情報の 0，1 によって搬送波を ON，OFF するので OOK（on off keying）とも呼ばれる．

- **FSK**（frequency shift keying，ディジタル周波数変調）：搬送波の周波数を二つの周波数に離散的に変化させる．アナログ信号での周波数変調（FM，frequency modulation）に対応する．
- **PSK**（phase shift keying，ディジタル位相変調）：搬送波の位相を二つの位相に離散的に変化させる．アナログ信号の位相変調（PM，phase modulation）に対応する．

ASK は搬送波の振幅に情報を乗せているので雑音に弱く，搬送波の断状態が続くとクロックが失われるのでほとんど適用されず，通信や記録には FSK や PSK が用いられる．

PSK は FSK に比べて必要な周波数帯域が狭くてすむため通信によく使われるので，以下ではおもに PSK について説明する．

[**例 8.2**]　FSK を用いたモデム

インターネットの普及以前，一般家庭の通信線は電話線だけであり，アナログ電話回線を用いてパソコン通信するには，アナログ回線にディジタル信号を乗せるためにモデムを必要とした．電話回線は 0.3〜3.4 kHz の周波数範囲しか通さないため信号の周波数は限られる．初期の数百 bps 程度の低速なモデムでは変復調器が簡単な FSK が使われていた．

周波数は 0 と 1 を表す 2 波と，それらを送受信する合計四つの周波数が必要である．これらを上記の周波数範囲に入れるため，上り回線（端末→電話網）の 1 と 0 に 980 Hz と 1 180 Hz，下り回線（電話網→端末）の 1 と 0 に 1 650 Hz と 1 850 Hz を使っている．

FSK では周波数の広がりや誤りのために伝送速度が数百 bps が限界である．

⌟

8.2.2　多値変調と伝送速度

前項の基本的な変調では 1 回の変調で情報 0，1 の二つの状態，すなわち 1 ビットの 2 値を表すので 2 値変調という．1 回の変調で 2 値より多い状態を表

す変調を**多値変調**と呼ぶ。多値変調では，1変調で2ビット（$2^2=4$値）や4ビット（$2^4=16$値）など，処理の容易さから2^n値の変調とする。

例えば，多値変調の4値PSKでは，搬送波の位相に，$0, \pi/2, \pi, 3\pi/2$の四つの位相を用いる。2ビットの四つの符号語（00），（01），（11），（10）を，それぞれ位相$0, \pi/2, \pi, 3\pi/2$に割り当て，四つの符号のうちのどれか一つを伝送すれば1回の変調で2ビット伝送できる。4値のPSKは，4PSKまたは**QPSK**（quadrature PSK）と呼ばれる。これに対して2値のPSKは**BPSK**（binary PSK）と呼ばれる。図8.6にQPSKの信号波形を示す。

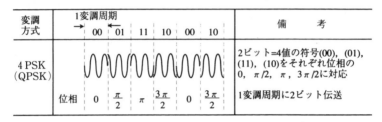

図8.6　QPSKの変調波形

BPSKやQPSK信号は図8.7に示すように，ベースバンド信号の電圧により高周波搬送波の位相を変化させることで得られる。図中の⊗印は平衡変調器などの乗算器，⊕印は合成器を表す。搬送波は周波数f_cの$\cos(2\pi f_c t)$である。入力データ列を符号の0，1を±1で変化するバイポーラNRZ信号に対応させる。BPSK信号は入力信号で搬送波の位相を$0, \pi$に反転して得られる。

QPSK信号は，2系統のBPSK信号を合成することによって得られる。入力データ列の2ビット分をS/P（serial/parallel：直列/並列）変換して各1ビッ

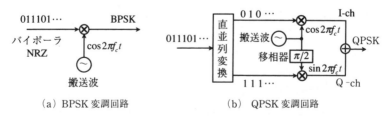

(a) BPSK変調回路　　　(b) QPSK変調回路

図8.7　BPSK，QPSKの発生回路

ト分の2系列とする。各BPSKの変調速度は入力データ列の1/2になる。両系統の搬送波に$\pi/2$だけ位相差を与え，$\cos(2\pi f_c t)$と$\sin(2\pi f_c t)$の二つの搬送波に対してそれぞれBPSKを発生する。

多値変調では基準となる搬送波$\cos(2\pi f_c t)$の信号系統を同相（in-phase）チャネル（Iチャネル），これと位相差が$\pi/2$の$\sin(2\pi f_c t)$の系統を直交（quadrature）チャネル（Qチャネル）と呼ぶ。

多値変調では1回の変調で多ビット伝送できるので1秒間に伝送できるビット数は1秒間の変調回数と一致しない。情報の伝送速度は**ビットレート**（bit rate）でbpsの単位で表した。一方，1秒間に変調する回数を**シンボルレート**（symbol rate）または**ボーレート**（Baud rate）と呼び，単位は**ボー**（Baud）で表す。例えば，4値変調および16値変調の場合，ビットレートはそれぞれシンボルレートの2倍および4倍になる。

変調すれば信号波形の周波数帯域が広がるが，その広がりはおおむね変調速度で決まる。したがって多値変調すれば，2値変調に比べて伝送に必要な周波数帯域幅を増加することなく情報伝送速度を上げられる。これが多値変調を用いる最大の利点であるが，受信側で符号を識別する場合に雑音に対する余裕が少なくなり誤りやすくなる欠点がある。

伝送速度を上げるために多値数を増やすには，位相を変化させるPSKだけでは限界がある。実際には1変調で3ビット伝送する8PSK（45°間隔で8個の位相を用いるPSK）程度までである。これ以上の多値変調では，位相だけでなく振幅変化も組み合わせた**直交振幅変調**（**QAM**, quadrature amplitude modulation）が使われる。これら信号表示については次項で述べる。

8.2.3 信号空間

PSKやQAMの多値変調信号の表現には**信号ダイアグラム**（**信号空間**）を用いる。これは**図8.8**に示すように，伝送する符号語に対応する信号点（○印）の振幅を半径に，位相を位置角に対応させて極座標で表したものである。n値変調では信号点がn個できる。

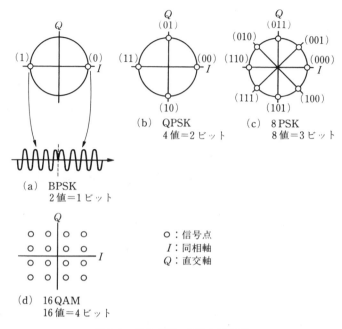

図 8.8 多値変調の信号空間表示

　信号点全体は搬送波周波数に等しい回転数で回転するが，この回転とともに信号空間を見れば，信号点位置はその位相角に止まって見えるため多値信号を表示するのに都合がよい。横軸の I，縦軸の Q は，それぞれ前項で述べた同相および直交チャネルである。

　信号空間では，2値 PSK（BPSK）では信号点が角度 0 および π の2点にあり，それらの点を符号の0および1に割り当てる。BPSK 信号波形は図(a)のように符号"0"は位相0の正弦波，符号"1"は位相 π の正弦波になる。

　QPSK（4値，2ビット）は角度 0, $\pi/2$, π, $3\pi/2$ の4点，8PSK は角度 $\pi/4$ ごとの8点（3ビット）が信号点になる。

　図(d)は 16 QAM の信号点である。16値（$16 = 2^4$）では4ビットの情報を伝送できる。現在では 256 QAM が実用化され，1回の変調で8ビット（$2^8 = 256$ 値）を伝送できる。伝送状態が安定している有線通信ではさらに大きな多値変調が使われている。

図8.8(b), (c)の信号点配置では, 隣り合う信号点には1ビットのみが異なる符号を割り当てている。これは, 隣接した信号点に誤って判定されても, 符号誤りを1ビットに抑えるためで, このような符号を**グレイ符号**という。

通信路符号化ではハミング距離の拡大を図ったが, 伝送路符号化では信号点間のユークリッド距離を拡大して誤りを低減する。

［**例8.3**］　無線通信の適応変調

第4世代（4G）携帯電話（LTE）や無線LANでは64QAM, 16QAM, QPSKなどの複数の多値変調を内蔵しており, 受信状態に応じて切替える**適応変調**（adaptive modulation）を使用する。図8.8のように多値数が大きいと信号点間隔が狭まり, 雑音によって隣の符号に誤って判定される率が増える。多値数が小さければ誤りに強くなる（8.3節参照）。

適応変調では, 受信状態が良い端末とは64QAMにより高速伝送し, 状態が悪い場合は16QAMやQPSKに切替える。伝送速度は低下するが, 誤りをなくすための再送（ARQ）の処理回数を少なくできるため, 結局スループットは上昇し, 全体として効率の良い通信ができる。　　　　　　　　　　　　　　⌟

8.3　変調方式と誤り

限られた周波数帯域幅で伝送速度を上げるために多値変調が用いられるが, 多値数が増加すると隣り合う信号点の間隔が狭くなる。伝送路で雑音が加わると受信側で二つの信号点の識別が困難になり, 誤りが生じる。

本節では, 多値変調と誤り率の関係を調べる。また, 誤り訂正符号と変調方式を組み合わせた符号化変調の技術を簡単に説明する。

8.3.1　雑音と誤り率

BPSKを例として, 雑音により受信信号が誤って判定される様子を**図8.9**の信号空間で説明する。図8.9(a)は, BPSKの受信信号が雑音によって正規の信号点のまわりに分散する様子を示している。信号点が雑音によって他の信号

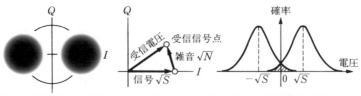

(a) 受信信号点の分布　(b) 雑音による変動　(c) 受信電圧の確率

図 8.9　雑音による受信信号点の変動

点の領域に入れば，誤って復調され符号誤りになる。

これは図(b)に示すように，受信信号には，信号電圧に雑音の電圧がベクトル的に加算されて振幅や位相が変動するためである。信号電力を S，雑音電力を N とすれば，それらの電圧は，$\sqrt{S}$, $\sqrt{N}$ に比例する。S が小さくなるか，N が大きくなれば信号点の間隔が小さくなり誤りが増加する。したがって，誤り率は**信号電力対雑音電力比**（**SN 比**, signal to noise ratio, S/N, SNR）に依存する。

雑音電圧は図(c)のように信号点のまわりにガウス分布する。誤り率は受信点が他の信号点領域に入る確率で与えられるから，この確率は図の斜線部の大きさから計算できる。

図 8.8 に示した BPSK, QPSK, 8 PSK では，多値数が大きくなると信号点間隔が小さくなって識別が困難になり，同じ SN 比に対してこの順で誤り率（BER）が大きくなる。図 8.9(c)のようなガウス雑音を仮定し，各変調方式について BER 特性を計算した結果を**図 8.10** に示す。横軸は，受信機入力での信号電力と雑音電力の比であり，**搬送波電力対雑音電力比**（**CN 比**, carrier to noise ratio, C/N）と呼ばれる。CN 比は，SN 比のように受信機に依存しないため無線方式などではよく使われる。

多値数が多くなれば，同じ CN 比に対して BER が悪くなり，また，同じ BER を得るためには大きな CN 比が必要になる。各変調の相対的な CN 比の目安は，信号点間隔の距離を同じにすれば同じ BER が得られるとして，図 8.8 からも見当をつけることができる（演習問題 8.4 参照）。

CN 比と BER の関係は図 5.5 と同じものである。多値変調で伝送速度を上げ

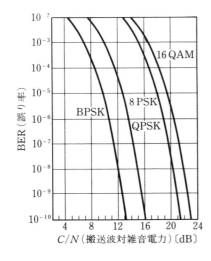

図8.10 多値変調と誤り率

ると BER が劣化する,あるいは大きな CN 比を必要とする。システムのハード技術は限界まで性能を高めているため,一般に SN 比を大きくすることは困難である。この劣化分をソフト的に補うのが誤り訂正符号で,図5.5に示した符号化利得によりこの分を改善することになる。

8.3.2 符号化変調

誤りの改善に関して,前章までの誤り訂正技術である通信路符号化と,本章の多値変調技術である伝送路符号化とは別々に考えてきた。これらをうまく組み合わせれば誤り特性をさらに改善できることが期待できる。このような技術を**符号化変調**(coded modulation)という。これは符号空間でのハミング距離よりも信号空間での幾何学的(ユークリッド)距離を拡大する技術である。

ここでは,代表的な符号化変調技術である**トレリス符号化変調**(**TCM**, trellis coded modulation)について説明する。これは7.3節で述べた畳込み符号と多値変調を組み合わせたもので,畳込み符号化で生じる冗長ビット分を変調の多値数に割り当てる。冗長ビットの付加による変調速度の増加を抑えられるので,周波数帯域が広がらない。

TCM の概要を**図8.11**に示す簡単な TCM の符号化回路と信号点の配置で説

158   8. 伝送路符号化

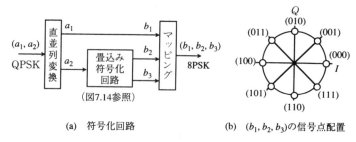

(a) 符号化回路 　　　　　(b) (b_1, b_2, b_3) の信号点配置

図 8.11　TCM 回路と信号点配置

明する。入力が (a_1, a_2) の 2 ビットで，符号化回路の出力 (b_1, b_2, b_3) の 3 ビットを 8 PSK の信号点に割り当てる。

図 8.11（a）の符号化回路の畳込み符号化の部分は図 7.14 と同じとし，1 ビット入力に対して 2 ビットを出力する符号化率 1/2 とする。入力のうち 1 ビットは符号化しないので，符号化回路全体の符号化率は 2/3 になる。

出力 3 ビット (b_1, b_2, b_3) を 8 PSK の信号点に図 8.11（b）のようにマッピング（割当）する。通常の 8 PSK の配置である図 8.8（c）と比較すると，TCM では隣接する信号点では必ず b_3 が異なっている。また，b_1 が異なる信号点はユークリッド距離が最も大きくなる対角点に配置している。誤りやすい近くの信号点間のビットは畳込み符号の誤り訂正で保護され，保護されていないビットは信号点を離して配置されている。

b_2，b_3 の誤りが畳込み符号で訂正できれば，b_1 が誤る確率は信号点が対角点のみにある BPSK と同じになり，BER が改善できる。このように TCM のマッピングでは距離が近い信号点には強力な誤り訂正，距離が遠い信号点には弱い誤り訂正，あるいは訂正なしとして符号化率と BER の改善を図っている。TCM により数 dB の符号化利得が得られる。

［例 8.4］　衛星ディジタル放送の変調方式

BS ディジタル放送では BS（放送衛星）からの放送波には，誤り訂正符号化および変調に図 8.11 に示した 8 相のトレリス符号化変調 TC8PSK が使われている。畳込み符号化は拘束長 $K=7$，符号化率 $r=2/3$ で，受信側の復号はビ

タビ復号である．また，外符号には RS 符号が使用される．

　変調方式には TC8PSK 以外に QPSK と BPSK をもっており，降雨減衰などで受信状態が劣化すれば切替える適応変調が可能である．BS では家庭の受信アンテナ・装置小型化のため衛星搭載の送信機出力を大きくしているが，高出力では信号振幅が変化すると歪みが生じるため振幅が変化せず位相のみが変化する PSK 変調方式が適している． 」

演 習 問 題

8.1 ユニポーラ NRZ，AMI，マンチェスタの各符号の直流成分，高周波成分，クロック再生について比較し，使用される例をあげよ．
8.2 CD の記録符号で EFM を用いる目的を述べよ．また，8 ビットを 14 ビットに変換すると非符号語の数はいくつになるか．
8.3 図 8.7(b) の QPSK 発生回路で I チャネル，Q チャネルに，符号 0, 1 がそれぞれ ±1 のバイポーラ NRZ を入力すると信号点配置はどのように表せるか．
8.4 図 8.10 の BER が小さい範囲で，BPSK と同じ BER を確保するには QPSK，8 PSK では BPSK に対して CN 比をそれぞれ何 dB 大きくする必要があるか．これを図 8.8 の信号点間の距離から近似的に計算せよ．
8.5 符号化変調について簡単に説明せよ．

9 アナログ信号の情報量

本章では音声や映像などのアナログ信号のもつ情報量を考える。まず，アナログ信号のディジタル化技術である標本化定理や量子化について学ぶ。音声や映像がもつ情報量は伝送速度（ビットレート）で表されることを理解し，さまざまな音質や映像画質の伝送速度を計算する。特に，画像や映像の色の表現方法と情報量の関係を説明する。近年の映像は撮影から伝送，表示までディジタル信号であるが，便宜上ここで扱う。

つぎに，伝送速度と周波数帯域幅との関係を理解し，伝送路の伝送速度の上限を決める要因と通信路容量定理を学ぶ。最後に，次世代ネットワークについて，音声や映像もパケット化してデータ通信網に統合されること，そこで使われるインターネット技術などを簡単に説明する。

9.1 アナログ信号のディジタル化

アナログ信号は図1.2のように連続した時刻と連続したレベルのすべての点に情報をもっている。もし雑音がなければ，すべての点を区別できて無限大の情報をもっていることになる。

アナログ波形をディジタル化するには図9.1に示すように，時間およびレベ

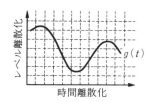

図9.1 連続波形の離散化

ル(強度)を離散化する必要がある.すなわち連続波形を図の格子点で代表させる.離散化は実数を整数などに丸めることに相当し,丸め誤差によって詳細な情報が失われることはやむをえないが,これを最小にしてディジタル化できる条件が問題になる.

連続波形を,時間方向に離散化することを**標本化**(サンプリング,sampling),レベル方向に離散化することを**量子化**(quantization)と呼ぶ.

アナログ信号をディジタル伝送する場合の処理の流れを**図9.2**に示す.送信側でアナログ波形をディジタル信号に変換(**A-D 変換**)し,符号化してディジタル伝送路に乗せる.受信側でディジタル符号をアナログ信号に戻して(**D-A 変換**)波形を復元する.A-D 変換は標本化と量子化の両方の操作を含んでいる.

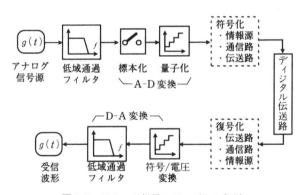

図 9.2 アナログ信号のディジタル伝送

伝送路の前後でこれまでに学んだ情報源,通信路,伝送路符号化・復号化が行われる.情報源を問題とするので,伝送路信号としてはレベルの大きさを複数ビットで表示する 2 値の **PCM**(pulse code modulation)信号とする.

9.1.1 標 本 化

アナログ波形の標本化はシャノンの**標本化定理**(sampling theorem),あるいは**サンプリング定理**に基づく.標本化定理はアナログ信号とディジタル信号を結び付ける重要な定理で,フーリエ変換を用いて証明されるが,多くの本に

説明されているので結果だけを示す．

> **標本化（サンプリング）定理**
> 最高周波数が W〔Hz〕のアナログ波形をつぎの周期，あるいは周波数で標本化した値を伝送すれば，受信側で波形を完全に復元できる．
>
> 標本化（サンプリング）周期：$T_S = \dfrac{1}{2W}$〔s〕以下　　　(9.1)
>
> 標本化（サンプリング）周波数：$f_S = 2W$〔Hz〕以上　　(9.2)

サンプリング周波数 f_S の $1/2$ を**ナイキスト周波数**（Nyquist frequency）f_N〔Hz〕と呼ぶことがある．標本化定理は，サンプリング周波数が f_S の場合，波形に含まれるナイキスト周波数 $f_N = f_S/2$ 以上の周波数成分は正しく再現できない，とも表現できる．定理によれば，波形の周波数に上限があれば，波形の情報は有限の時刻のみの標本値を知ることにより波形を完全に再現できる．

波形を完全に復元するには，波形 $g(t)$ の最高周波数が W〔Hz〕に制限されている必要があるため，図 9.2 のように標本化の前にカットオフ（遮断）周波数が W〔Hz〕の低域通過フィルタ（LPF, low pass filter）を入れて周波数を制限する．

（a）**標本化の手順**　図 9.3 により標本化の手順を示す．

（1）情報源のアナログ波形 $g(t)$ は W〔Hz〕以上の周波数成分をもたないことが前提である．標本化のためのパルス列は周期 $T_S = 1/(2W)$〔s〕

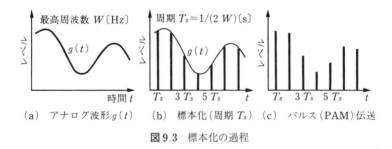

図 9.3　標本化の過程

以下，すなわちサンプリング周波数を $f_S=2W$〔Hz〕以上に選ぶ．
(2) 周期 T_S のサンプリングパルスと波形 $g(t)$ を乗算し，$g(t)$ の T_S ごとに $g(t)$ の標本値を得る．これは図9.2の標本化で時刻 T_S の瞬間だけスイッチを閉じてその時刻の標本値を取り込む操作である．
(3) 得られた波形は周期 T_S のパルス列で時間的に離散化されが，そのレベルは包絡線がアナログ波形と等しくアナログ量のままである．この波形はパルス振幅変調（PAM, pulse amplitude modulation）と呼ばれる．

標本化定理は PAM 信号により信号が完全に復元できることを述べており，PAM 信号の量子化，符号化は別の問題である．次項のようにレベル値を量子化すれば PCM 信号になり完全なディジタル信号になるが，量子化誤差が必然的に入り近似的にしか波形を復元できない．

（b）アナログ信号の復元　　受信側で PAM 信号を元のアナログ波形に復元する．これには図9.2に示すように，単に送信側と同じ低域通過フィルタ（カットオフ周波数 W〔Hz〕）を通過させるだけでよい．

単一のパルスを低域通過フィルタに通した出力時間波形は**図9.4**のようになる．フィルタのカットオフ周波数が W〔Hz〕の場合，出力波形は周期 $T_S=1/(2W)$〔s〕ごとに0点を通る．例外は時刻 $t=0$ のみで，このときに最大値をとる．この波形は**標本化関数**または sinc 関数と呼ばれ，$\sin x/x$ の形になる．

標本化された周期 T_S のパルス列を低域通過フィルタに通せば，出力は周期

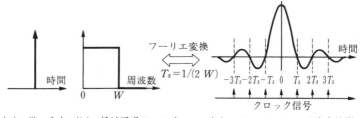

(a) 単一入力パルス　(b) 低域通過フィルタ　(c) パルスのフィルタ出力波形

図9.4　パルス波のフィルタ出力波形

T_S ごとに標本化関数の波形が T_S ずつずれて重なる。時刻 $t=nT_S$ では一つの標本化関数の波以外はレベルがちょうど0になるため，他の波形は影響しない。

波形が復元される様子を図9.5に示す。各標本化関数の最大値はPAM信号の大きさに等しい。時刻 $t=nT_S$ 以外ではすべての標本化関数の和になり，それがアナログ波形の値に等しくなって波形を完全に復元できる。

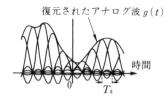

図9.5 波形の復元

（c）**エリアシング** 信号が W〔Hz〕以上の周波数を含む場合には正しく復元できない。図9.6は波形のスペクトル（周波数成分の強度分布）を示している。周波数成分が W 以下であれば図(a)のようにフィルタで完全に波形のスペクトルを取り出せる。一方，W 以上の周波数成分があれば，受信フィルタに他の成分が漏れ込み元のスペクトルと異なったものになる。これを**エリアシング**（aliasing）という。

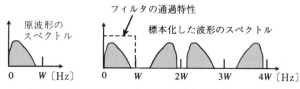

（a）標本化定理を満たす場合（標本化周波数＞2 W）

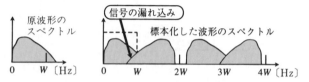

（b）標本化定理を満たさない場合（標本化周波数＜2 W）

図9.6 標本化波形のスペクトル

エリアシングが生じた場合の波形は**図 9.7** のように，高い周波数成分が正確に再現されず，低い周波数成分の波形を復元してしまう。

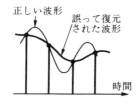

図 9.7 エリアシングの波形

標本化定理は，標本点（時間およびレベル）を通る波形が一つに決まることを主張しているが，エリアシングが生じると低い周波数の波形に誤って復元されてしまう。したがって，送信側で標本化する前に低域通過フィルタを通して信号の高周波成分をカットしておく。

9.1.2 量子化（PCM 化）

標本化によりアナログ波形を時間的に離散化したが，レベルは依然アナログ量である。レベルも離散化して近似値に丸めることを**量子化**と呼ぶ。量子化された値は近似値で，真のレベル値との誤差を**量子化誤差**（quantization error），あるいは**量子化雑音**（quantizing noise）という。量子化の過程では必ず誤差を生じ，アナログ信号に復元したときに量子化雑音を伴う。

（**a**）**PCM 符号化**　量子化された標本値を 2 進数で符号化すれば完全なディジタル信号となり，これを **PCM**（pulse code modulation，パルス符号変調）と呼ぶ。PAM から PCM への変換の様子を**図 9.8** に示す。

例えばアナログ電圧値を 7.2 → 7，11.9 → 12，…と量子化し，それらを 2 進数で，それぞれ（0111），（1100）などと変換する（ここでは 4 ビット量子化としている）。それぞれの 2 進数の 0，1 のビットを，0 V，1 V にして順次送信する。各符号を送信する周期 T_S〔s〕はサンプリング周期に等しく，この時間内に一つの標本値（この例では 4 ビット）を送信する。このようにして PCM は時間，レベルともにディジタル化された符号になる。

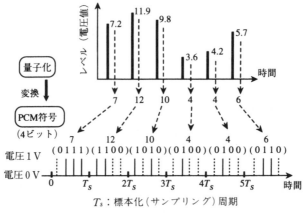

図 9.8 量子化（PCM 化）の概念

（b） ダイナミックレンジ　量子化に用いるビット数を**量子化ビット数**といい，これを多くすれば量子化誤差を小さくできる．量子化ビット数は，信号の最小値から最大値までの変化範囲と許容できる量子化雑音から決める．

電圧波形などの最大値と最小値の比をダイナミックレンジと呼び，通常デシベル値で表される．ディジタル化された音声のダイナミックレンジは量子化ビット数によって決まる．4 ビットの量子化では $2^4 = 16$ レベルになるので，最小値 1，最大値 16 であり，$20 \log_{10} 16 = 24.1$ dB となる．

CD（コンパクトディスク）では 16 ビット量子化なので，最小値 1，最大値 $2^{16} = 65\,536$ で，$20 \log_{10} 2^{16} = 320 \log_{10} 2 = 96.3$ dB となる．量子化ビット数が 1 ビット増えるごとに分割するレベル数は 2 倍になるので，ダイナミックレンジは 6 dB 改善される．

9.2　音声・映像の情報量

アナログ信号の音声や映像がもつ情報量を，標本化定理を用いて具体的に求める．画像や映像の情報量についてはカラーの扱いも含めて説明する．高画質映像の伝送速度は非常に大きくなることを学ぶ．

9.2.1 音声・オーディオの情報量

(a) アナログ信号の伝送速度 標本化定理からもわかるように，アナログ信号をディジタル化して正しく伝送・記録するために必要な情報量は単位時間当りのビット数，すなわち伝送速度（ビットレート）で与えられる。

アナログ信号の最高周波数を W [Hz]，量子化ビット数を b [bit] とする。サンプリング周波数 f_S [Hz] を標本化定理の式 (9.2) を満たす最低限の周波数 $f_S=2W$ とすれば，ビットレート R [bps] は次式で与えられる。

$$R=f_S \times b \tag{9.3}$$

(b) 電話音声のビットレート 電話音声はフィルタでカットされて通過帯域幅は 0.3〜3.4 kHz であるが，最高周波数が $W=4$ kHz，8 ビット量子化で伝送する。$f_S=2W=8$ kHz，$b=8$ bit であるから，式 (9.3) よりビットレートは $R=f_S \times b=8$ kHz $\times 8$ bit $=64$ kbps となる。電話 1 回線の $f_S=8$ kHz と $R=64$ kbps の値は **ITU**（国際電気通信連合）の G.711 規格として世界標準になっている。

標本化周期は $T_S=1/f_S=125$ μs で，125 μs ごとに 8 ビットを送ればよいので周期内で 8 ビットの間隔を時間圧縮して高速伝送すれば，周期内に時間的余裕ができる。この時間スペースに他ユーザの PCM 信号を入れ込めば，同じ伝送路で多数の電話回線（チャネル，ch）を伝送できる。1 本の伝送路を多数のチャネルで共用することを**多重化**（multiplexing）とよび，時間を分割して多重化する方式を**時分割多重**（**TDM**，time division multiplexing）という。

図 9.9 は電話 24 ch の時分割多重の例である。標本化周期 125 μs のフレーム中に 24 ch 分の標本値が入る。速度は 64 kbps/ch $\times 24$ ch $=1.536$ Mbps だが，フレームの識別子 8 kbps が加わって $R=1.544$ Mbps となる。N [ch] 多重すれば伝送速度と周波数帯域は N 倍，パルス周期は $1/N$ になる。

(c) オーディオのビットレート 音楽 CD をオーディオの代表例として考える。人が聞こえる周波数は 20 kHz 以下なので CD のサンプリング周波数は $f_S=44.1$ kHz としている。量子化は $b=16$ bit，ステレオで左右 $N=2$ ch をもつ。ビットレートは $R=f_S \times b \times N=44.1$ kHz $\times 16$ bit/ch $\times 2$ ch $=1.41$ Mbps

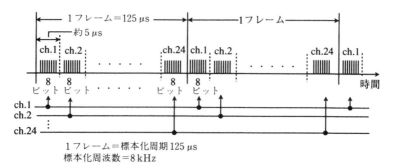

図 9.9 PCM 電話信号の 24 チャネル多重化

となる。この値はオーディオの圧縮などで音質を比較する場合の基準になっている。

（**d**）**アナログテレビのビットレート**　すでに放送は終了しているが，参考のためアナログテレビのビットレートの概略値を求めておく。アナログ映像は画面を走査する 1 本の連続した走査線で構成され，走査線の波形を A-D 変換すればディジタル化できる。

　地上波テレビの各チャネルの周波数帯域幅はアナログもディジタルも 6 MHz で，これがテレビ信号の最高周波数に相当する。$W=6$ MHz よりサンプリング周波数は $f_S=2W=12$ MHz となる。量子化ビット数を $b=10$ bit と仮定すればアナログテレビのビットレートは $R=f_S\times b=12$ MHz$\times 10$ bit$=120$ Mbps となる。

9.2.2　色の表現と情報量

（**a**）**色の表現**　現在の画像・映像は，アナログ信号の走査線という概念はなく，撮像から記録・伝送・表示まで一貫してディジタル情報である。画像や映像の画面は最小単位である**画素**（**ピクセル**，pixel）で構成され，画素は色の情報をもつ。色は光の三原色である R（red，赤），G（green，緑），B（blue，青）から成り，すべての色は **RGB** 各色の階調（明るさ）によって表現できる。階調はビットで表し，例えば各色に 8 ビットを割り当てると三色で

24 ビットになり，2^{24}＝約 1 700 万色のフルカラーを表せる。

　撮像素子やディスプレーの色信号は RGB 系であるが，カラーテレビ放送技術の歴史的経緯や情報圧縮のために現在でも色の表現には **YUV** 系が多く使用される。YUV 系では Y が **輝度**（luminance），U と V が **色差**（chrominance）を表す。Y は白黒の明るさをグレースケールで表す。U および V は，それぞれ B と Y，および R と Y との差で色の種類や強さを表す。色差の U と V は C_b と C_r などと表すこともあるが，本書では U と V で統一する。

　人間の視覚特性は輝度 Y が表す画面内の明るさの解像度には敏感であるが，色差 U や V には鈍感である。この特性を利用して Y の表示ビット数よりも U と V のビット数をある程度削減しても画質の劣化は少ない。このような利点から現在も YUV 系がよく使われる。次式は RGB 系から YUV 系に変換する ITU の BT.601 規格で，標準テレビ放送用の画像に適用する。

$$Y = 0.299 \times R + 0.587 \times G + 0.114 \times B \tag{9.4}$$

$$U = -0.169 \times R - 0.331 \times G + 0.5 \times B \tag{9.5}$$

$$V = 0.5 \times R - 0.419 \times G - 0.081 \times B \tag{9.6}$$

変数の値は $0 \leq R, G, B, Y \leq 1$，$-0.5 \leq U, V \leq 0.5$ で，$R, G, B = 0, 0, 0$（$Y = U = V = 0$）は黒色，$R, G, B = 1, 1, 1$（$Y = 1, U = V = 0$）は白色になる。式（9.4）から，輝度 Y に対する三原色の寄与は G が最大で 59 ％，B が最小で 11 ％程度である。人間の目は緑色の感度が高く，青色の感度は低い。デジタルカメラでは各画素の RGB 出力をカメラ内で上式の変換を行い通常は YUV で出力する。

（b）　色情報の削減　　カラー画像を RGB 系で表示すると情報量は白黒画像（YUV 系の輝度 Y の画像）の 3 倍になるため，YUV 系の特性を利用して人間の目に鈍感な色差 U と V の情報を削減する。

　基準となる輝度 Y に対して色差 U, V を削減する程度を示すのが色差フォーマットである。削減の程度を示す係数として，ここでは色差成分係数を導入しておく。**色差成分係数** F_{cc} は画素に割り当てる色ビット数が，基準である白黒画像の平均何倍になるかを示す倍率である。

　図 9.10 は色差フォーマットと色差成分係数 F_{cc} との関係で，網掛け部分が

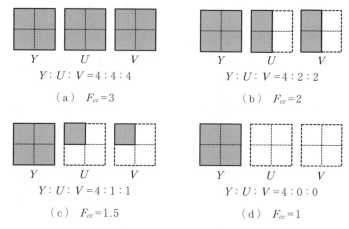

図 9.10 色差成分の割合と色差成分係数 F_{cc}

サンプルする画素の割合を表す。図(a)の $F_{cc}=3$ は削減なしで，白黒画像の3倍のビット数となる。図(b)の $F_{cc}=2$ は U, V の画素を水平方向に一つ間引いてサンプリングし，ビット数は図(a)の 2/3 になる。図(c)の $F_{cc}=1.5$ は U, V を水平・垂直とも間引いてサンプリングし，ビット数は図(a)の 1/2 になる。図(d)の $F_{cc}=1$ は輝度のみの白黒画像で，ビット数は図(a)の 1/3 である。

　民生用のテレビ放送や録画には画質がほとんど劣化しない図(c)の $F_{cc}=1.5$ が使われる。フルカラーの場合，RGB では各画素に $8\times3=24$ ビット必要だが，YUV では平均すると各画素は $8\times F_{cc}=12$ ビットでよい。

9.2.3 画像・映像の情報量

(a) 静止画の情報量　　1枚のカラー静止画の情報量 S〔bit〕は，画像の画素数 n_p〔画素〕と各画素の平均的なビット数 $b\times F_{cc}$〔bit/画素〕との積である。静止画の情報量はビットまたはバイトで表す。

$$S = n_p \times b \times F_{cc} \tag{9.7}$$

〔例 9.1〕　デジカメ写真の情報量

　デジタルカメラの画素数は数千万画素も珍しくないが，簡単のため1 000万

画素 = 10 M（メガ）画素，すなわち n_p = 10 M 画素とする．1画素あたりの量子化ビット数を b = 8 bit／画素，色差成分係数をフルカラーの F_{cc} = 3 とすると情報量 S は式（9.7）によりつぎのようになる．

$$S = n_p \times b \times F_{cc} = 10 \text{ M 画素} \times 8 \text{ bit／画素} \times 3 = 240 \text{ Mbit} = 30 \text{ MB}$$

写真1枚の圧縮前の情報は非常に大きいが，実際には次章で述べる JPEG などにより数 MB 程度に圧縮してメモリに記録する．　┘

[例 9.2]　A4判のスキャナー画像の情報量

スキャナーの解像度から画素数を求めるが，解像度の単位は dpi（dots per inch）で，1インチ（= 25.4 mm）当りの画素数で示される．解像度を 300 dpi とすると，A4判は 297 mm × 210 mm であるから，画素数が n_p =（297／25.4 × 300）×（210／25.4 × 300）= 8.70 M 画素となる．デジカメと同様，b = 8 bit／画素，F_{cc} = 3 とすれば，S は式（9.7）から求められる．

$$S = n_p \times b \times F_{cc} = 8.70 \text{ M 画素} \times 8 \text{ bit／画素} \times 3 = 209 \text{ Mbit} = 26.1 \text{ MB}$$　┘

（b）**映像のビットレート**　映像では少しずつ変化する画面（フレーム：frame）を連続表示して動きを表す．単位時間当りの画面数が多いほど動きがなめらかに見える．1秒間に表示する画面数を**フレームレート**やフレーム速度と呼び，r_{fr}〔fps〕または〔f／s〕で表す．映像の情報量（ビットレート）R〔bps〕は，式（9.7）の静止画の情報量とフレームレートとの積である．

$$R = n_p \times b \times F_{cc} \times r_{fr} \tag{9.8}$$

表 9.1 にテレビ放送などの各種画質のビットレート R の計算例を示す．SDTV（標準画質）はアナログテレビ相当の画質で R = 124 Mbps である．先に 9.2.1 項（d）において標本化定理からの概略値 R = 120 Mbps とほぼ等しい．

これらは圧縮する前の値であるが，高画質になれば非常に大きな値になる．衛星や地上ディジタル放送（HDTV）は R = 746 Mbps で，実際にはこれを大幅に圧縮している．UHDTV の 4K や 8K テレビでは非常に強力な映像圧縮技術を必要とするが，これらは次章で学ぶ．

表 9.1　各種映像の画質とビットレート（非圧縮）

映像形式 画質	画素の並び 画素数 n_p	量子化ビット数 b 色差成分係数 F_{cc} フレームレート r_{fr}	ビット レート R （非圧縮）	適用・用途など
QVGA ワンセグ	320×240 76.8 k 画素	8 bit, 1.5, 15 fps	13.8 Mbps	ワンセグ放送画質, 初期の携帯電話画面
CIF TV 電話	352×288 101 k 画素	8 bit, 1.5, 30 fps	36.5 Mbps	初期の ISDN を用いる国 際テレビ電話・会議
SIF ビデオ CD	352×240 84.5 k 画素	8 bit, 1.5, 30 fps	30.4 Mbps	CD ビデオ，アナログテレ ビを VHS 録画した画質
SDTV 標準	720×480 346 k 画素	8 bit, 1.5, 30 fps	124 Mbps	アナログテレビ画質, DVD ビデオ
HDTV 高精細	1 920×1 080 2.07 M 画素	8 bit, 1.5, 30 fps	746 Mbps	2 K テレビ放送 (地上, BS, CS), BD ビデオ
4K UHDTV 超高精細	3 840×2 160 8.29 M 画素	10 bit, 1.5, 60 fps	7.46 Gbps	4 K テレビ放送 (BS, CS), ネット・CATV 配信
8K UHDTV 超高精細	7 680×4 320 33.2 M 画素	10 bit, 1.5, 60 fps	29.9 Gbps	8 K テレビ放送 (BS), 2018 年から

・QVGA：quarter video graphics array　　・CIF：common intermediate format
・SIF：source input format　　・SDTV：standard definition TV
・HDTV：high definition TV　　・UHDTV：ultra high definition TV

9.3　伝送速度と周波数帯域幅

情報伝送を制限する要因を 1.5 節で述べたが，ここではそのうちの伝送速度と周波数帯域幅の関係を調べる。実際の伝送路では，使用できる周波数帯域幅によって伝送速度が制限される。

9.3.1　伝　送　速　度

伝送速度を上げるには，幅が狭く周期が短いパルスを用いるが，間隔をつめると前のパルスに重なって，受信側で正しく復元できない（図 8.1 参照）。単一パルスを低域通過フィルタに通した波形は，図 9.4 のように $t=0$ を除いて周期 T_S ごとに 0 点になる。この周期が保たれれば他のパルスとレベルが重ならないが，ずれると正確に識別できない。符号パルスが時間的に重なってビッ

ト誤りが生じることを**符号間干渉**（ISI, inter-symbol interference）という。

図9.4からわかるように，フィルタのカットオフ周波数 W と周期 T の間には $T=1/(2W)$ の関係がある。W が小さいと，T が大きくなりパルス間隔が長くなり，伝送速度が小さくなる。すなわち伝送路の周波数帯域 W が狭いと伝送速度は早くできず，速度が伝送路の周波数帯域幅で制限される。逆に広帯域（**ブロードバンド**，broadband）であれば高速伝送が可能である。ブロードバンド通信は高速通信と同じ意味で使われる。

9.3.2 周波数帯域幅

信号の時間波形とその周波数成分（スペクトル）はフーリエ変換で関係付けられており，互いに独立ではない。情報を伝送するには受信側で信号を予測できないこと，すなわち波形が時間変化していることが本質的であり，必ずある周波数帯域の幅を占有する。

一つの方形パルス波のスペクトルは**図9.11**のようになる。スペクトルの0点の幅 F とパルスの時間幅 $2T$ との間には $F=1/2T$ の関係がある。伝送速度を上げるためにパルス幅 T を狭くすると，周波数成分 F は大きくなり広い帯域幅を占有するようになる。

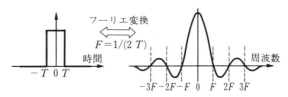

(a) 幅$2T$の方形パルス　(b) パルスの周波数スペクトル

図9.11 方形パルスの周波数スペクトル

情報通信では，限られた周波数帯域幅でいかに伝送速度を上げるか，また逆に，一定の伝送速度に対していかに周波数帯域幅を狭くするかが重要であり，これが通信工学の課題である。

PSKは多値の変調を行っても2値変調程度の周波数の広がりですむために

高速伝送，あるいは無線のように周波数帯域幅が限られる場合に用いられる．例えば QPSK（4 PSK）では BPSK（2 PSK）と占有周波数帯域幅は同じで伝送速度を2倍にできる．しかし，8.3節で述べたように受信側で信号点の識別余裕が小さくなり，大きな信号電力が必要になる．

9.4 通信路容量定理

伝送速度の制限要因としては，伝送路の雑音や周波数帯域幅があることを学んだが，どの程度の速度まで可能かが問題である．誤りなく情報を伝送できる上限を与えるものが通信路容量定理である．

9.4.1 伝送速度の上限

5.5節では，通信路を伝送できる情報量の最大値として通信路容量を学んだ．また，5.6節では通信路符号化定理が示すように，通信路容量より小さい伝送速度であれば，誤り訂正によって任意に誤りを小さく（誤りなく）伝送できることを学んだ．通信路容量は誤りをなくせる伝送速度の最大値を与える．

これまでに学んだことから，通信路容量を制限する要因には，速度に直接関係する伝送路の周波数帯域幅のほかに，信号電力と雑音電力の比があることは容易に理解できる．

周波数帯域幅を B [Hz]，信号および雑音の平均電力をそれぞれ S [W] および N [W] とすれば，通信路容量 C [bps] は次式で与えられる．

$$C = 2B \log_2 \sqrt{\frac{S+N}{N}} = B \log_2 \left(1 + \frac{S}{N}\right) \quad \text{[bps]} \tag{9.9}$$

これを**通信路容量定理**（channel capacity theorem）と呼び，情報伝送理論の基礎となる重要な定理である．またこれは，シャノン・ハートレー（Shannon-Hartley）の定理とも呼ばれる．

上式の S/N は，8.3節で述べた **SN 比**で，伝送路特性を表すパラメータで

ある。伝送路に雑音 N がなければ，$C=\infty$ で無限大の情報を伝送できるが，実際には雑音のため C は有限になる。式 (9.9) は厳密に証明されるが，物理的・定性的な解釈によりつぎのように通信路容量定理を導出できる。

- 標本個数：周波数帯域幅が B 〔Hz〕に制限されたアナログ波形は，標本化定理の式 (9.2) により 1 秒間に $2B$ 個の標本値で完全に表せる。
- 各標本値の量子化：信号電圧を雑音電圧と識別可能なレベルで量子化する必要がある。電力値は電圧値の 2 乗に比例するから，信号波形の電圧値は $\sqrt{S}$ 〔V〕，雑音の電圧値は $\sqrt{N}$ 〔V〕となる。
- 量子化ビット数：識別可能な（雑音に埋もれずに信号が検出できる）レベル数は信号電圧を雑音電圧で割った $\sqrt{(S+N)/N}$ 個となる。すなわち量子化に必要となるビット数は，$\log_2 \sqrt{(S+N)/N} = 1/2 \log_2\{(S+N)/N\}$ 〔bit〕となる。
- 1 秒間当りの標本個数と，各標本値の量子化ビット数との積として式 (9.9) が導かれる。

通信路容量 C 〔bps〕は通信路の周波数帯域幅 B 〔Hz〕と SN 比により決まる。C を大きくするには，B を広くするか，S/N を大きくするか（信号電力 S を大きく，または雑音電力 N を小さくするか），いずれかが必要である。

通信路容量 C の SN 比に対する変化を図 9.12 に示す。縦軸は C を帯域幅 B で規格化した C/B 〔無名数〕である。SN 比が 30 dB（$S/N=1\,000$）の場合，C 〔bps〕は B 〔Hz〕の 10 倍になる。通常，熱雑音などの雑音電力 N は周波数帯域幅 B に比例して増加するので，C/B と SN 比とは独立にはならないの

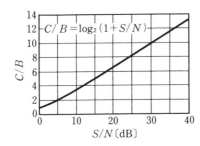

図 9.12　C/B と SN 比の関係

で注意が必要である。

通常の伝送路では SN 比が大きい（$S/N > 100 = 20$ dB）ため，$1 + S/N \fallingdotseq S/N$ と近似できる。この場合，式 (9.9) は次式で近似できる。

$$C = B \log_2 \left(\frac{S}{N} \right) \quad [\text{bps}] \tag{9.10}$$

9.4.2　符号化定理との関係

伝送速度の最大値を与える通信路容量定理は，周波数帯域幅と雑音によって決まるという，物理的に明確な意味をもっている。通信路の誤り率は雑音によって決められると思いがちであるが，雑音が直接影響するのは通信路容量である。通信路容量以下の伝送速度であれば，通信路符号化によって誤り率はいくらでも小さくできる。

雑音 N がない場合，式 (9.9) から通信路容量 C は無限大になり，いくらでも早く情報を伝送できる。しかし，通常，単位時間に情報源から出てくる情報量が有限であるため，通信速度は情報源の速度で決まる。この場合の最大速度は情報源のエントロピーによって制限される。

情報源符号化定理から，情報源符号化により平均符号長をエントロピーに近づければ，情報源のエントロピーで決まる速度で通信が可能になる。すなわち情報源符号化定理は，伝送路に雑音のない場合の通信路容量を与えると考えることができる。

一方，雑音がある場合は誤りが問題で，これにより情報伝送速度が制限される。この場合，通信路符号化定理は，通信路容量より小さい伝送速度であれば誤りを任意に小さくできる符号化の方法が存在することを教えている。したがって通信路符号化定理は，伝送路に雑音がある場合の通信路容量を与えると考えることができる。

［例 9.3］　電話回線の通信路容量

電話回線では音声の周波数帯域は $0 \sim 4$ kHz に制限されている。回線の SN 比が 30 dB $= 10^3 = 1\,000$ の場合，通信路容量を求めてみる。

$B=4$ kHz〔Hz〕,$S/N=1\,000$ である。$1+S/N \sim S/N=10^3$ として式 (9.10) より

$$C = B\log_2(S/N) = 4\times 10^3 \log_2 10^3 = 12\times 10^3 \log_2 10 = 12\times 10^3 \times 3.322$$
$$= 39.9\text{ kbps}$$

通常の 4 kHz 帯域幅のアナログ電話回線では 40 kbps 以上の速度では,誤りなしには伝送できない。アナログ電話回線で 4 kHz に制限されているのは中継回線で,加入者線の部分は途中でフィルタなどがなくもう少し広い帯域が使える。これを利用して 50 kbps 以上の速度のモデムも使われていた。 」

9.5 これからのネットワーク

電話をパケット化することにより電話網はデータ通信網に統合される。本節では電話とデータ通信の違いやパケット通信の特徴を理解し,次世代のネットワークの基本となるインターネットの技術を学ぶ。

9.5.1 電話もパケット通信で

(a) 音声通信とデータ通信 表 9.2 に音声通信とデータ通信との比較を示す。電話もデータもすべてディジタルであるが,両者はかなり性格が異な

表 9.2 音声通信とデータ通信との特性比較

項　目	音声通信	データ通信
通信中の情報量変動	ストリーム的で変動小 少量が一定・連続的	バースト的で変動大 大量が間欠・集中的
信頼性への要求	低くてもよい 聞き直し,簡易な FEC	高信頼が必須 ARQ などで誤り制御
遅延時間の条件	0.15 秒未満が必須条件	数秒程度の遅延は許容
交換方式	回線交換　　最初に設定したルートを最後まで保持	パケット交換　　パケットごとにルート選択
多重化	時分割多重　伝送速度一定 (64 kbps),回線を占有	パケット多重　伝送速度可変,パケット数で調整
課金対象（参考）	通話時間	パケット数（情報量）

る。回線交換網は電話用に，パケット交換網はデータ通信に，それぞれに最適なネットワークとして長年にわたって併存・発展してきた。しかし，固定電話が減少する一方で，インターネットなどのデータ通信はさらに発展が見込まれるため，電話のパケット化によりデータ通信網に統合する方向にある。

統合での重要な課題の一つに遅延時間がある。**遅延時間**は信号が相手端末に届くまでの時間で，遅延が大きいと会話に支障をきたす。表 9.2 のように，データ通信でも遅延時間を 0.15 秒以下に短縮する必要がある。

（**b**） **パケット通信の利点**　データ通信に適した伝送方式としてパケット通信が広く使われる。図 9.13 に示すように，**パケット**（packet，小包）は送信データ列を一定の長さに分割し，それぞれの先頭に宛先を示す**アドレス**などの情報が入った**ヘッダ**を付けたデータのまとまりである。

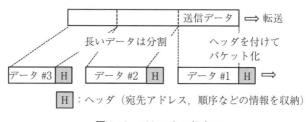

図 9.13　パケットの組立て

図 9.14 に回線交換ネットワークとパケット交換ネットワークの概略構成を示す。**回線交換**では通話前に端末間に回線を設定し終了まで保持する。音声は伝送速度 64 kbps の PCM 信号で，図 9.9 のようにフレーム内に割り当てられた時間位置を占有する。このため遅延がなく，伝送速度が保証された**ギャランティ型**の通信を提供する。しかし，伝送速度が固定で，映像やさまざまな速度をもつマルチメディア情報を同じ回線で柔軟に伝送するには適さない。

パケット交換では**ルータ**がヘッダのアドレスを読み取って宛先への最適な経路を選択する。パケット網では ARQ によって誤りをなくせるが遅延時間が大きくなる。パケット多重では回線が混雑すれば伝送速度は低下し，速度の保証はできず**ベストエフォート型**通信と呼ばれる。一方，さまざまな速度のデータ

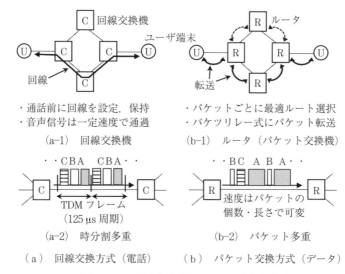

図 9.14 回線交換方式とパケット交換方式

が混在できるのが利点で，電話も含めたマルチメディア通信に適している。

（c）**固定も携帯も電話はパケット化**　インターネットは代表的なパケット網であり，音声データもパケット化すればインターネットで電話ができる。2013 年にはこのような電話が回線交換網の固定電話を追い越している。

携帯電話も第 3 世代（3 G）までは電話用に回線交換網が残されていたが，スマートフォンの登場でデータ通信としてのインターネットの利用がますます増大した。4 G 携帯からはすべてがパケット網になり，電話もパケット化されて Web やメールなどと同じデータ通信に統合された。

9.5.2 次世代のネットワーク

（a）**インターネット技術を利用**　インターネットの起源は 1960 年代に米国で研究されたパケット交換によるコンピュータネットワークである。その後も学術研究用として引き継がれ，通信の技術的なルールである**プロトコル**（protocol，**通信規約**）が開発された。1990 年代からは商用利用が可能になりネットワークを世界規模で接続する**インターネット**が誕生した。

表 9.3 に階層化されたインターネットの主要な機能とプロトコルを示す．また，図 9.15 に各階層のレベルで転送されるパケットの構成も示す．

表 9.3　インターネットの階層と機能，主なプロトコル

階　層	機能（[　]内は代表的なプロトコル）
アプリケーション層	Web [HTTP] やメール送信 [SMTP]・受信 [POP3]，音声・動画の実時間配信 [RTP] などのサービスをユーザに提供
トランスポート層	ポート番号が指定するホスト上のアプリまでデータを転送 [TCP]：誤り制御によりデータの信頼性を保証，データ通信 [UDP]：リアルタイム性を優先，信頼性は保証なし，電話など
インターネット層	[IP]：IP アドレスが指定する宛先ホストまで複数のネットワークを通してデータを転送，ルータが最適経路を選択
ネットワーク インターフェイス層	[イーサネット] の例：MAC アドレスが指定する隣接機器にデータを転送，バケツリレーで MAC アドレスを次々書き換え

・HTTP：hypertext transfer protocol　　・SMTP：simple mail transfer protocol
・POP3：post office protocol ver.3　　　・RTP：real-time transport protocol
・イーサネット：有線の LAN で標準的に使用される規格
・MAC アドレス：media access control（機器，物理）アドレス

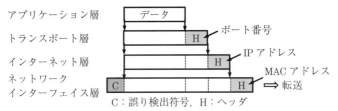

・送信：データに層のヘッダを付けて下位層へ
・受信：パケットから層のヘッダを除去して上位層へ

図 9.15　各階層のパケット構成

IP（internet protocol）は世界中の通信端末を識別する IP アドレスによってさまざまなネットワークを通じて宛先ホストまでデータを転送する．IP パケットは途中で誤りが検出された場合や混雑時に溢れると廃棄される．

Web 閲覧やメールなどのデータ通信では IP と **TCP**（transmission control protocol，伝送制御プロトコル）を組み合わせて使う．TCP は誤り制御機能によりパケットの誤り訂正，抜けや順序整列などを行う．TCP はデータの信頼性を保証するが，その分だけ遅延時間が大きくなる．

電話の場合はTPCの代わりに**UDP**（user datagram protocol）を使う。UDPは誤り制御を省いて実時間性を優先するため遅延が短く電話に適している。音声データがIPによって運ばれる電話は**VoIP**（voice over IP）と呼ばれる。電話のパケット化は音声圧縮に関連して10.1.3項で述べる。

（**b**） **インターネット電話とIP電話**　インターネットは世界中のISP（internet service provider，インターネット接続事業者，プロバイダ）のネットワークが接続されるが全体を管理する機関はない。VoIPでは遅延時間が重要だが，異なるISP間を通しての品質保証は難しい。IPパケットのヘッダ中には優先度を指定する項目があるがルータでは無視される場合が多い。

インターネットのアプリを使う電話は**インターネット電話**と呼ばれ，品質は保証されない。一方，通信事業者などがインターネット技術を利用して独自に構築した広域のネットワークを**IPネットワーク**と呼ぶ。IPネットワークを利用する電話は**IP電話**と呼ばれ，インターネット電話と区別している。自社が管理運営するので優先機能も動作して遅延時間を小さくできる。なお，テレビ映像の伝送でも電話と同様にインターネットテレビとIPテレビの区別がある。

（**c**） **次世代ネットワーク**　次世代ネットワーク（**NGN**，next generation network）はIPネットワークで構築され，100年以上の歴史がある回線交換網は廃止される。オールIP化は世界的に進められているが，日本では現有交換機の維持限界が2025年のため，それ以前にはNGNへの移行が完了する。NGNではベストエフォート型サービスとは別に電話や映像は優先クラスにして遅延を数ミリ秒以下に抑えられる。

演 習 問 題

9.1　エリアシングについて説明せよ。

9.2　テレビの映像は4.2 MHzの周波数帯域幅をもつ。これを12ビットで量子化すればビットレートはいくらになるか。

9.3　周波数帯域Bが1 kHz，雑音の平均電力Nが1 μWの伝送路で10 kbpsの伝送

をしたい。信号の平均電力 S を何ワット以上にすべきか。

9.4 6 MHz を占有するアナログ映像を 10 ビットで量子化したときの伝送速度はいくらか。伝送路の帯域が 8 MHz のとき必要な SN 比はいくらか。

9.5 TV 映像の画面 1 枚は 36 万画素からなり，1 秒当り 30 枚送信する。1 画素当りフルカラーの 24 ビット量子化すれば伝送速度はいくらか。また，伝送路の SN 比が 40 dB のとき必要な周波数帯域幅はいくらか。

10 音声・映像の圧縮

　本章では，電話音声，オーディオ，画像（静止画）および映像（動画）などの圧縮技術を学ぶ．圧縮符号化は情報源符号化であり，通信路符号化の誤り検出・訂正技術とともに情報理論の重要な分野である．

　音声・映像の圧縮では，大きな圧縮率を得るために非可逆圧縮が用いられ，これには人の聴覚や視覚が感知できない部分を利用して情報を削減する．特に，超高精細画質の8Kテレビ放送の情報量はきわめて大きく，その実用化には映像符号化技術の進展が不可欠であった．

　人の視聴覚特性と圧縮技術への応用について，身近な例として携帯電話やIP電話，オーディオ圧縮のMP3，世界標準である静止画圧縮のJPEGや映像圧縮のMPEGなどを取り上げて解説する．

　なお，圧縮の用語は，例えば音声圧縮や音声圧縮符号化，あるいは単に音声符号化と呼ばれるが同じ意味である．

10.1 電話音声の圧縮符号化

　音声符号化には，音声の波形そのものを近似的に圧縮する**波形符号化**と，人の音声発生機構をモデル化して圧縮する**分析合成符号化**，および両者を組み合わせた**ハイブリッド符号化**がある．分析合成符号化は圧縮率を大きくできるがいまだ研究段階であり，実用的にはハイブリッド符号化を使用する．本節では，ADPCMなどの波形符号化，携帯電話などのハイブリッド符号化，電話をデータとして扱う音声のパケット化（VoIP）を説明する．

10.1.1 波形符号化

（**a**） **PCM**　　固定電話の音声は図 9.8 に示すような非圧縮の PCM 信号である。8 kHz サンプリング，8 ビット量子化で 64 kbps のビットレートは世界標準規格（ITU の G.711）で，これを圧縮率や音質の基準とする。

図 10.1 に電話音声の非直線量子化の特性を示す。人の声は小さい振幅の割合が大きいため，小振幅では量子化間隔を細かく大振幅では粗くする。これは圧縮ではないが音質を改善できる。非直線性に対数特性を用いたものは log-PCM と呼ばれ日本や米国の固定電話で一般的である。

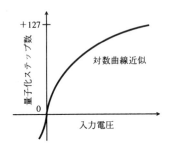

図 10.1　電話音声の非直線量子化

（**b**） **ADPCM**　　音声の振幅は時間変化が緩やかで標本値間の差が小さいため，標本値よりもその差分を量子化すればビット数を削減できる。差分を量子化して圧縮する PCM を **DPCM**（differential PCM，差分 PCM）と呼ぶ。また，標本値間の相関を利用する圧縮法を**予測符号化**と呼ぶ。

DPCM は標本値間の差分が小さい場合はよいが，差分が大きい箇所では量子化幅を大きくしないと誤差が増えるため，差分に応じて量子化幅を変化させる適応量子化が有効である。また，単に隣接する標本値の差分ではなく，過去数個の値から標本値を予測し，予測値との誤差を差分とすればさらに差分を小さくできて量子化ビット数を削減できる。このように標本値の予測誤差を適応量子化する符号化を **ADPCM**（adaptive differential PCM，**適応差分 PCM**）と呼び，世界標準規格（ITU の G.726）になっている。

図 10.2 に ADPCM の符号化・復号化の構成を示す。ADPCM のビットレートは 32 kbps で，固定電話の 1/2 にできるが音質は変わらない。簡単な回路

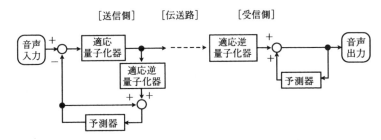

図10.2　ADPCMの符号化・復号化

で遅延がない優れた方式であるため専用線の電話や衛星回線の電話などに使用される。また、以前にはPHSの音声符号化として使われた。

10.1.2　携帯電話のハイブリッド符号化

（a）　**音声の分析合成モデル**　携帯電話は第2世代（2G）からディジタル化されたが1Gのアナログ方式と同等以上の通話チャネル数を確保するため、音声のビットレートを10 kbps以下に抑える必要があった。ADPCMはビットレートを低くすると音質が急激に劣化するため使用できない。圧縮対象を一般的な音でなく、人の声に限れば大きく圧縮できる可能性がある。

音声の分析合成符号化は声の発生機構をモデル化してその特徴を与えるパラメータのみを伝送して大幅に圧縮する。パラメータだけでは表現できない部分を波形符号化で補うのがハイブリッド符号化である。

（b）　**携帯電話の音声符号化**　ハイブリッド符号化の基本的な方式が**CELP**（code excited linear prediction，符号励振線形予測）方式で、さまざまに改良されて固定電話や携帯電話に広く使用されている。

図10.3にCELP音声符号化の構成を示す。図(a)の符号化器の内部には図(c)の復号化器が含まれており、符号化の結果により合成した復元音声と入力音声とを比較し、両者の誤差を最小化する。

合成フィルタは音源波形を入力するとフィルタ係数に従って音声波形を出力する。線形予測フィルタは、合成フィルタとは逆の動作で、音声波形を入力すると音源波形とフィルタ係数を出力する。これからパルス状波形の周期と大き

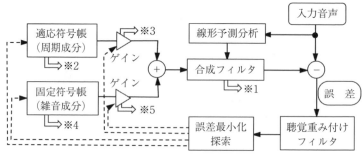

(a) 符号化器（エンコーダ）

※1：線形予測係数の情報
※2,※3：適応符号帳の指定番号，ゲイン係数
※4,※5：固定符号帳の指定番号，ゲイン係数

(b) 探索結果の最適値を受信側に伝送

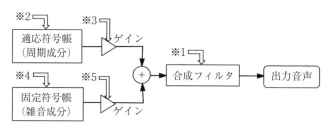

(c) 復号化器（デコーダ）

図 10.3 CELP 音声符号化の回路構成

さの情報などが得られる。純粋な分析合成符号化では音源も合成されるが，いまだ特性が不十分なため，音源部分に波形符号化的な適応符号帳と固定符号帳を用いるハイブリッド構成としている。

　合成した音声と入力音声との誤差を最小化するように二つの音源のパラメータを制御する。適応符号帳は過去の励振信号をメモリに蓄積しており，現在の音声のピッチや大きさなどとの誤差が小さくなるように適応制御される。適応符号帳により取り切れずに残った誤差は固定符号帳がもつ非周期的な信号を制御することにより取り除いて誤差を最小化する。

このように残差信号そのものを伝送するのではなく，誤差を最小とするパラメータのみを伝送するので大幅にビットレートを低減できる。

（c）　**さまざまな音声符号化方式**　表 10.1 に固定電話や携帯電話に使用されている音声符号化の一例を示す。ハイブリッド符号化には多くの方式があるが，すべて CELP のアルゴリズムを発展させたものである。VoIP 用の CS-ACELP については次項の 10.1.3 項で説明する。

表 10.1　電話音声の圧縮符号化の例

符号化方式名	ビットレート〔kbps〕	標本化周波数〔kHz〕	フレーム周期〔ms〕	主な用途，特徴
（a）　波形符号化				
PCM	64	8	0.125	固定電話，公衆通信
ADPCM	16, 24, 32, 40	8	0.125	専用線，衛星回線，PHS
（b）　ハイブリッド符号化				
CS-ACELP	8	8	10	IP 電話，VoIP
VSELP	6.7	8	20	2G 携帯（PDC）
PSI-CELP	3.45	8	40	同上，低ビットレート化
AMR-NB	4.75〜12.2	8	20	3G 携帯（W-CDMA）
AMR-WB	6.6〜12.65〜23.85	16	20	4G 携帯（LTE），VoLTE　AM ラジオ（〜7.5 kHz）並の音質
EVS	5.9〜128	8〜32, 48	20	同上，オーディオ音質まで含む　FM ラジオ（〜15 kHz）並の音質

2G 携帯電話では音質を犠牲にしてビットレートを非常に低く抑えていた。4G 携帯では無線の高速化，音声も含めたオールパケット化によりビットレートに余裕ができたため，音声圧縮も高音質化が図られている。標本化周波数が 16 kHz や 32 kHz では，音声周波数約 7.5 kHz までをカバーする AM ラジオ並みの音質，同じく 15 kHz までの FM 放送並みの音質も可能になった。さらに 48 kHz の標本化周波数ではオーディオ並みになる。

10.1.3　電話音声のパケット化（VoIP）

（a）　**音声のデータ量**　9.5 節で述べたように次世代ネットワークでは固

定通信網も移動通信網も IP ネットワークに統一され，VoIP により電話音声もパケット化される。パケット化する音声データは表 10.1 の **CS-ACELP**（ITU の G.729 規格）を用いる。その構成は図 10.3 の CELP と同じで，固定符号帳音源が工夫されてメモリ量と探索時間が改善されている。

音声は数十 ms 程度の時間内ではほとんど変化しないため 10 ms または 20 ms ごとに符号化すればよい。これをフレーム周期と呼び表 10.1 に示されている。CS-ACELP のフレームは 10 ms であり，この間に図 10.3 中の※1〜※5 の 5 個のパラメータを送信する。

表 10.2 に 10 ms 当りの各伝送パラメータのビット数を示す。1 フレームの音声データ量は合計 80 ビット（10 バイト）である。80 bit / 10 ms はビットレートが 8 kbps で，固定電話の 64 kbps の 1/8 に圧縮されている。

表 10.2 CS-ACELP による音声データ量（10 ms 間）

伝送パラメータ項目	ビット数	対応する図 10.3 の※番号と説明
線形予測分析係数	18 ビット	※1：係数の符号化
適応符号帳情報	14 ビット	※2：ピッチ周期計算，過去データから構成
固定符号帳情報	34 ビット	※4：誤差を最小化する固定音源探索
適応・固定音源のゲイン	14 ビット	※3，※5：二つの音源のゲイン係数の合計
1 フレーム（10 ms）当りの合計ビット数（バイト数）	80 ビット 10 バイト	80 bit / 10 ms はビットレート 8 kbps（固定電話 64 kbps の 1/8）

（b） 音声のパケット化　IP ネットワークではパケットに各層のヘッダが加わる。データが小さいとヘッダの割合が大きくなり伝送効率が悪いため 2 フレーム分のデータ 20 バイトを 1 パケットにして 20 ms ごとに送信する。

図 10.4 に音声パケットの構成を示す。音声データは 20 バイトだが各層のパケットヘッダが付加される。9.5.2 項で述べたように VoIP はトランスポート層のプロトコルに実時間性を優先する UDP を使うが，UDP は再生に必要なパケット順や送信時刻の情報をもたない。これらの情報はアプリケーション層の **RTP**（real-time transport protocol）のヘッダ中に記録される。

パケット全体の長さ 78 バイトのうち音声データは約 1/4 の 20 バイトのみ

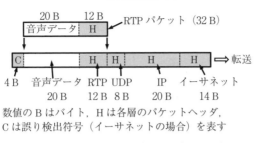

図 10.4 音声データのパケット（20 ms 間）

である。20 ms 周期で 78 バイトを送るので実効的なビットレートは 31.2 kbps になる。音声データのみであれば 8 kbps で，固定電話の 64 kbps PCM の 1/8 に圧縮されるがパケット化すると圧縮率は約 1/2 に低下する。

10.2　オーディオの圧縮符号化

音声符号化では圧縮率を優先したが，オーディオの圧縮符号化では音質の確保が必須である。このため，人の耳に聞こえない音をカットして量子化ビットを削減する。本節では，人の聴覚特性を解説し，それを利用した MP3 などの圧縮技術を学ぶ。これらは非可逆圧縮だが，近年の超高音質オーディオのロスレス（無損失）の可逆圧縮にも触れる。

10.2.1　人の聴覚特性の利用

オーディオを圧縮した場合の音質と圧縮率の評価は音楽 CD を基準にすることが多い。9.2.1 項(c)で述べたように，CD は非圧縮でビットレートは約 1.4 Mbps である。この音質を維持したまま符号化するには人間の聴覚特性を利用し，耳に聞こえない音には量子化ビットを割り当てずにビットレートを低減する。したがって，非可逆符号化になる。

図 10.5 に人の**聴覚特性**の周波数特性を模式的に示す。**最小可聴曲線**は人が聞くことができる音の最低レベルを表しており，この曲線以下の音は符号化する必要がない。最小可聴レベルは周波数に依存し，4 kHz 付近の音が最もよく

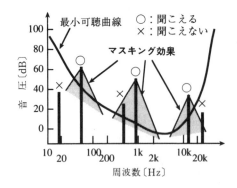

図 10.5 聴覚特性とマスキング効果

聞こえ，20 Hz 以下や 20 kHz 以上の音は実質的には聞こえない．

また図に示すように，聴覚には**マスキング効果**があり，大きい音の周波数付近にある小さい音は聞こえない．また，時間的なマスキング効果もあり，大きな音の前後のわずかな時間内にある小さい音も聞こえない．このようにマスキングされた音を符号化する必要がなくビットを削減できる．

10.2.2　MP3 などのオーディオ符号化

聴覚特性は周波数に依存するため，オーディオ信号（周波数 20 kHz 以下）を複数の狭い周波数帯域（サブバンド）に分割し，各サブバンド内で聴覚特性に基づいてビットを割り当てる．これを**サブバンド符号化**と呼ぶ．

ここではディジタルオーディオプレーヤや音楽配信などで広く使われ，また圧縮方式や音楽ファイル名としてポピュラーな MP3 を例にして説明する．**MP3** は映像圧縮符号化の国際標準である MPEG-1 に含まれるオーディオ符号化の一つであるレイヤー 3 の略称である．

図 10.6 に MP3 の符号化回路を示す．サブバンド符号化のためフィルタ群により 32 個のサブバンドに分け，さらに各サブバンド内で MDCT（修正離散コサイン変換，10.3.2 項参照）により 18 個の周波数成分に分解する．

また，音楽信号のスペクトルを把握し，聴覚特性を考慮して各成分に割り当てる量子化ビット数を決める．量子化後の各成分の値はハフマン符号化によっ

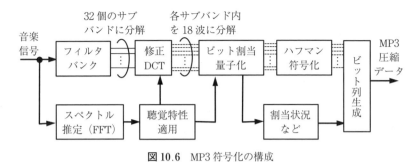

図 10.6　MP3 符号化の構成

ても圧縮される。「DCT-ハフマン符号化」の処理は一般的な圧縮技術で 10.3 節の画像圧縮符号化で詳しく述べる。CD と同程度の音質になる MP3 のビットレートは 192 kbps 程度で約 1/7 に圧縮される。

AAC（advanced audio coding）は MPEG-2 や MPEG-4 のオーディオに使用されており，CD 並み音質のビットレートは 128 kbps で 1/10 以下に圧縮できる。2 K 画質の地上波や衛星放送の映像は MPEG-2 で，音声には MPEG-2 AAC が使われている。一方，第 2 世代衛星放送の 4 K 画質以上の「高度」衛星放送（表 7.2 参照）の映像は MPEG-4 AVC で，音声には MPEG-4 AAC が使用される。MPEG-4 AAC はディジタルオーディオプレーヤや音楽配信，ゲーム機や携帯電話などにも採用されている。

10.2.3　ロスレス符号化

ロスレス（lossless, 無損失）符号化は，圧縮しても情報の損失がなく完全に元通りに復元できる可逆圧縮である。可逆圧縮のため圧縮率は大きくできず 1/2 程度である。近年はデータ量が多少大きくても劣化の心配がない高音質なオーディオ符号化が要望される。また，CD よりも超高音質のハイレゾ（high resolution：高分解能）音源ではロスレス符号化も必要とされる。

ロスレス符号化の例としては MPEG-4 のオーディオ規格である **ALS**（audio lossless coding）がある。先の AAC で述べた「高度」衛星放送の音声には MPEG-4 AAC とともに MPEG-4 ALS が採用されている。

ALSのしくみは図10.3の音声符号化のCELPと基本的には同じである。線形予測分析により，入力値と予測値との残差を最小化し，予測係数と残差を出力する。音声符号化では残差を適応・固定符号帳音源で近似して大きく圧縮できたが，ロスレス符号化では残差をすべて数値化して伝送するので大きくは圧縮できないが完全に復元できる。また，整数値で処理するためエントロピー符号化が適用できて可逆圧縮となる。他のロスレス符号化にはFLACなどのフリーソフトがあるが，標準化はされていない。

10.3 静止画の圧縮符号化

本節ではデジカメ写真などの静止画像の圧縮技術を学ぶ。画像は多数の画素からなるが，近くの画素同士は似ていて冗長があることや，人の視覚には鈍感な情報を削除して圧縮する。本節では静止画の圧縮技術を最も普及しているJPEGを例として説明する。次節で扱う映像は静止画の連続表示であり，その圧縮には本節の技術も使われる。

10.3.1 JPEGによる圧縮の概要

画像は三原色の各色の明るさの情報をもつ多数の画素からなる。近くの画素同士はたがいに相関が高いため，その冗長性を削除して圧縮する。さらに，人の視覚は明暗の変化には敏感だが色や細かい変化には鈍感であり，これを利用して人が感知できない部分を削除して圧縮する。

JPEG（joint photographic experts group，ジェイペグ）はITUと**ISO**（国際標準化機構）が共同で1992年に制定した世界標準のカラー静止画の圧縮符号化方式で，専門家のグループ名が方式名にもなっている。JPEGの基本システムは非可逆圧縮で，ほとんど画質劣化なしに1/10程度に圧縮できる。また，画質と圧縮率のバランスを簡単に調整できる。

図10.7にJPEGの処理の流れを示す。符号化器内の離散コサイン変換（DCT），量子化，エントロピー符号化については次項以下で説明する。

10.3 静止画の圧縮符号化   193

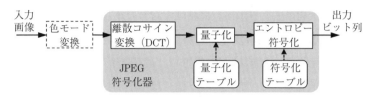

図 10.7 JPEG の処理の流れ

色モード変換は JPEG には含まれないがファイル形式で規定される。9.2.2 項のように色を輝度と色差の YUV 形式で表現し，Y：U：V＝4：1：1 とする。これは図 9.10(c)に示す色差成分係数が $F_{cc}=1.5$ で，RGB フルカラー $F_{cc}=3$ の 1/2 の容量になる。これも色に対する視覚特性を利用した圧縮である。

輝度を 8 ビット量子化すると，色情報も含めて 1 画素は等価的に $8 \times F_{cc}=12$ ビットとなる。圧縮は Y 画面および U,V 画面に対してそれぞれ行うが，ここではおもに Y 画面について説明する。

10.3.2 離散コサイン変換

画素明度の場所的な変化の細かさは空間周波数（単位距離当りの明暗の繰り返し回数）で表現される。細かい変化（高い空間周波数）に対しては量子化ビット数を削減しても画質の劣化は感知されにくい。

視覚特性を利用するために画素明度の変化を空間周波数に分解するが，これには **DCT**（**離散コサイン変換**，discrete cosine transform）を用いる。DCT は離散フーリエ変換と同様の原理で波形変化を直流分と各種の周波数成分に分解できる。フーリエ変換では区間境界の不連続により高周波成分を生じるが，DCT は波形の折返しにより連続化してこの欠点を除去する。また，実数で高速演算できるため画像処理で広く用いられる。

JPEG では Y 画面の縦横 8×8 の 64 画素のブロック単位で DCT を行う。U,V 画面は画素が縦横とも 1/2 に間引かれているため単位ブロックは Y の 16×16 画素の面積に相当する。DCT の空間周波数の変化パターンを基底という。8×8 画素では縦横 2 次元で基底は 64 種類になる。

図10.8に1次元の基底を示す。横軸は8画素の並びで，基底の次数が C_0 から C_7 に大きくなるほど明暗変化が細かくなる。縦の8画素も同じ変化であり64種類の2次元基底ができる。図10.9は，説明のため4×4画素に簡単化した16種類の2次元基底で，高次（右下側）ほど細かくなる。

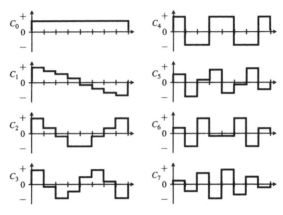

図10.8　DCTの基底パターン（1次元）

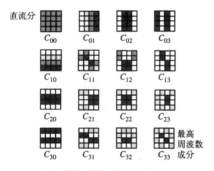

図10.9　2次元の基底パターン（4×4画素）

C_{ij}：4×4種類の基底パターンのコード

8×8画素ブロックに対するDCTにより，64個の基底 $C_{00} \sim C_{77}$ のそれぞれの大きさを表す **DCT係数** $a_{00} \sim a_{77}$ が求められる。図10.10は，説明のため4×4画素に簡単化した2次元基底 $C_{00} \sim C_{33}$ に対するDCT係数 $a_{00} \sim a_{33}$ を棒グラフの高さにより模式的に表している。

係数 a_{00} はブロック内の明度の平均値でありDC（直流）係数と呼ばれ，人

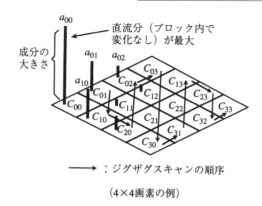

(4×4画素の例)

図10.10 画像の空間周波数成分の分析

の視覚には敏感で画質には重要な係数である。ブロック内の画素同士は似た値で相関が高いためDC係数a_{00}の値が圧倒的に大きくなる。DC係数以外の63個はAC(交流)係数と呼ばれ,高次のAC係数ほど細かい変化を表すが,値も小さく視覚に対しても鈍感なため重要性は低くなる。

ブロックの画像WはDCT係数a_{00}〜a_{77}と基底C_{00}〜C_{77}によりつぎのように復元できる。これは64個の係数を64個の画素値に戻す逆DCTである。

$$W = a_{00}C_{00} + a_{01}C_{01} + \cdots + a_{77}C_{77} \tag{10.1}$$

基底C_{ij}は符号化と復号化で共通なのでDCT係数a_{ij}を画像ファイルに記録すれば画像を可逆的に復元できる。DCTは画素値と係数との変換のみで,視覚特性を利用した圧縮は次項の量子化による処理になる。

なお,10.2.2項で述べた**MDCT**(modified DCT,修正DCT)はDCTと同様,オーディオ信号を周波数分解する変換である。DCTは対象のブロック以外とは独立なためにブロック境界の不連続による雑音が生じる。一方,MDCTは連続するオーディオ信号を扱えるように時間移動する窓関数により境界をまたぐ連続処理により雑音が生じないように修正されている。

10.3.3 量 子 化

視覚に鈍感な高次のDCT係数の量子化ビット数を削減して圧縮するため,

高次の係数ほど量子化ステップ幅を大きくして量子化する。JPEGでは図10.7のように推奨値とされる量子化テーブルを参照する。**量子化テーブル**はステップ幅 q_{ij} を与える 8×8 の数値表で，次式にその一部を示す。

$$[q_{ij}] = \begin{bmatrix} q_{00} & \cdots & q_{07} \\ \vdots & \ddots & \vdots \\ q_{70} & \cdots & q_{77} \end{bmatrix} = \begin{bmatrix} 16 & 11 & & \cdots & & & 61 \\ 12 & 12 & & & & & \ddots \\ & & 29 & 51 & & & \\ \vdots & & 56 & 68 & & & \vdots \\ & & & & \ddots & 120 & 101 \\ & & & \cdots & & & \\ 72 & & & & & 103 & 99 \end{bmatrix} \qquad (10.2)$$

量子化ステップ幅はDC係数からAC係数の高周波側になるほど大きく粗い量子化になる。$q_{00}=16$ は大きいようであるがDC係数 a_{00} がAC係数よりも圧倒的に大きいためである。量子化により圧縮は非可逆になる。

DCT係数 a_{ij} を量子化した整数値 A_{ij} は次式で計算する。

$$A_{ij} = 四捨五入整数化 \, [a_{ij}/(Q\, q_{ij})] \qquad (10.3)$$

分母の数値 Q により量子化テーブルの値が Q 倍される。Q を変えることにより量子化ステップ幅が全体的に変化して画質と圧縮率のバランスを調整できる。例えば Q を大きくすると画質は低下するが圧縮率が大きくなってファイル容量を小さくできる。通常，量子化処理により高周波側のAC係数はほとんどが0となり，0の値が連続することになる。

10.3.4 エントロピー符号化

量子化されたDC/AC係数の符号化ではエントロピー符号化によってさらに圧縮する。エントロピー符号化は**可変長符号化**とも呼ばれ，4.1.1項で述べたように記号の発生確率に応じて符号長を変えた符号を割り当てることにより，平均符号長をエントロピーの値に近づける可逆符号化である。

JPEGのエントロピー符号化には3.3節で学んだハフマン符号化を用いる。これらの符号化には図10.7のように符号化テーブルを参照する。DC係数とAC係数とは性格が異なるため別々に符号化する。

(**a**) **DC 係数**　　DC 係数 A_{00} は隣接ブロック間の相関が高いため，まず 10.1.1 項の DPCM と同様に予測符号化を用いる．直前に処理が完了した同じ行の左隣のブロックの A_{00} との差分をとれば差分値の分布は 0 付近に集中し，発生確率に大きな偏りができるため効率よくハフマン符号化できる．行の左端では差分でなく値そのものとし，誤差の累積を防ぐ．

確率はきわめて小さいが大きな差分値もあるため符号の種類が非常に多くなり，そのままハフマン符号化すると効率が悪い．差分の絶対値が 0 からいくつかの範囲でまとめてグループ分けし，グループ番号をハフマン符号化する．グループ内の個々の値はその順序を固定長符号によって特定する．

(**b**) **AC 係数**　　63 個の AC 係数は図 10.10 のように 2 次元的配列で，大きさは高周波側ほど小さくなって 0 に近づく．これらを 1 次元のビット列にするため図中の矢印で示す順（$A_{01} \to A_{10} \to A_{20} \to \cdots$）にジグザグスキャンして値を読み取る．高周波側で 0 の連続が多くなるため，まず 4.2.1 項で学んだランレングス符号化により圧縮し，その後でハフマン符号化を行う．

0 のラン長を L，ランを切る非 0 の値を V として (L, V) の組でランレングス符号を表す．ある値以後がすべて 0 となる場合は EOB（end of block）記号を入れて以降の AC 係数を打ち切る．DC 係数と同様に，ラン長 L と V の値を組み合わせてグループ化したものに対してハフマン符号化する．

10.3.5　その他の圧縮方式

JPEG ではブロック単位で DCT と量子化により AC 係数を削減するため，圧縮率を大きくすると隣接ブロックとの差異が目立つブロックノイズや，明度が急変するエッジ近傍では蚊が飛ぶようなモスキートノイズが生じる．

これらの欠点を改善する JPEG の後継方式として **JPEG2000** が制定された．JPEG2000 では 30 ％以上圧縮率が改善される．空間周波数変換はブロック単位ではなく，画像全体に離散ウェーブレット変換するためブロックノイズはなく，モスキートノイズの発生も抑えている．優れた特性をもつが，やや処理が大きいことなどから手軽な JPEG ほどは普及していない．

その他の圧縮符号化では可逆圧縮方式でイラストなどにも対応できるGIFやPNGがよく使われる。**GIF**（graphics interchange format）はWeb上の標準画像として普及しており簡単なアニメーションも可能である。色数が256色に限定されるため写真の保存では減色されて画質が劣化する。**PNG**（portable network graphics）はGIFの改良版でフルカラーに対応できるため，写真やイラストでも画質や圧縮率は良好である。

10.4 映像の圧縮符号化

高画質テレビなどの映像はビットレートが非常に大きいため圧縮技術は不可欠である。映像は連続する静止画によって動きを表すが，前後の画面間の高い相関を利用して予測符号化により圧縮する。本節では映像圧縮の世界標準であるMPEG方式などを例とし，主要技術である動き補償予測や画面系列の構造，MPEG技術の進展について説明する。

10.4.1 MPEGによる圧縮の概要

映像（動画像）はフレームと呼ばれる静止画面を連続表示して動きを表す。表9.1に示したように，ディジタルテレビなどの圧縮前の情報量は非常に大きく，大幅に圧縮しなければ実用できない。圧縮にはおもに前後のフレーム間での相関が非常に高いことを利用して予測符号化を行う。

本節では映像圧縮技術について，テレビ放送や録画方式などの世界標準であるMPEGなどを例にして説明する。**MPEG**（moving picture experts group，エムペグ）はISOの映像符号化の専門家グループの名称であるが規格の名称にもなっている。おもな方式はITUとISOによって標準化されるが，基本技術に関しては既に1990年代初頭のITUのH.261規格とITU/ISO共同のMPEG-1規格において確立されている。以後の各種MPEG方式はその改良版で，その進展については10.4.5項で簡単に触れる。

図10.11にMPEGの処理の流れを示す。DCT以降の処理は図10.7の静止画

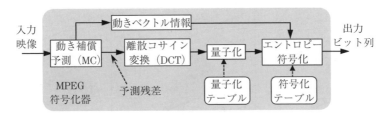

図 10.11　MPEG の処理の流れ

圧縮の JPEG と基本的に同じである．すなわち，同一画面（フレーム）内の処理で，**フレーム内予測**（intra prediction, **イントラ予測**）と呼ばれる．DCT 以降の部分は前節と基本的に同じなので省略する．

一方，図中の動き補償予測が映像圧縮の中心技術で，連続した2枚のフレーム間の処理であり，**フレーム間予測**（inter prediction, **インター予測**）と呼ぶ．動き補償予測からの出力である予測残差は，動き補償予測した画面と実際の画面との誤差であり，DCT 以降で符号化する．フレーム間での動きを表す動きベクトルの情報も符号化する．

10.4.2　動き補償予測

図 10.12 に連続した3枚のフレームを示す．テレビのフレーム間の時間差は 1/30 秒（フレームレート：30 fps）で，一般にフレーム間の動きはわずかで相関が高いため予測符号化を行う．圧縮対象とする図(b)の現フレームを，直前の図(a)のフレームを参照して前方予測する．さらに，図(c)の未来のフレームから現フレームへの逆方向予測もできる．前方予測では車の移動後に現れる背景は予測不能だが，後方予測ではそれも可能になる．なお，最初の規格 H.261 では前方予測のみで，MPEG-1 から後方予測も導入された．

フレーム間予測では，圧縮対象の現フレームと直前の参照フレームとの間で単純に差分をとっても残差が大きくて効率的に圧縮できない．そこで，予測残差をきわめて小さくできる動き補償予測が使用される．

動き補償予測（motion compensation prediction, **MC**）は，圧縮対象フレー

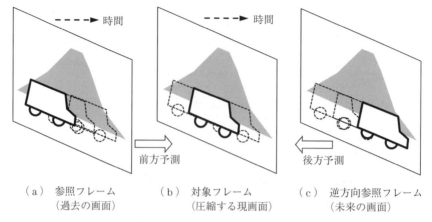

(a) 参照フレーム　　（b）対象フレーム　　（c）逆方向参照フレーム
　　（過去の画面）　　　　（圧縮する現画面）　　　（未来の画面）

図 10.12　フレーム間での動き予測

ムと参照フレームを細かいブロックに分け，両フレームを比較して各ブロックの移動方向と大きさを表す**動きベクトル**（motion vector, **MV**）を検出する．参照フレームと動きベクトルとを用いて予測フレームを構成し，これと対象フレームとの差が予測残差である．

図 10.13 に動きベクトルの検出方法を示す．参照および対象フレームとも 16×16 画素の予測ブロック（マクロブロック）に分割する．参照フレーム上

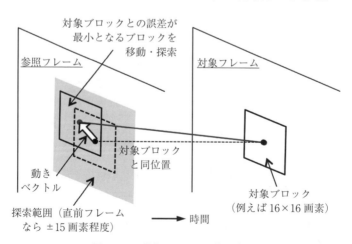

図 10.13　動きベクトルの検出方法

で，対象ブロックと同じ位置を中心にして予測ブロックを動かし，対象ブロックとの差分が最小になる位置を探索する．MVは探索中心から誤差最小となる予測ブロックへの方向と距離を表す．なお，MVの位置精度はH.261の1画素単位からMPEG-1では1/2画素単位に細かくしている．

対象フレームのすべてのマクロブロックについてMVを求める．参照フレームの各マクロブロックをMVに従って並行移動して予測フレームを構成する．予測フレームの画素と対象フレームの画素との差分が予測残差であり，DCT以降で符号化する．復号にはMVも必要なためMVも符号化する．

10.4.3　符号化回路の構成

図10.14に映像符号化回路の基本構成を示す．入力された現フレームと動き補償により構成された予測フレームとの差分をとり，その予測残差を残差符号化部で符号化する．符号化はJPEGと同様で，8×8画素単位でDCTし，量子化で空間高周波成分を削減し，ランレングス符号化やハフマン符号化のエントロピー符号化によりさらに圧縮する．

一方，量子化残差は局所復号化部の逆量子化・逆DCTにより復号され，予

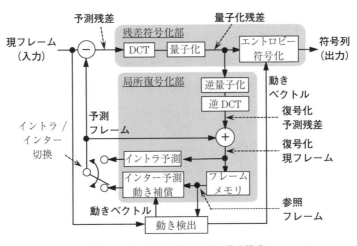

図10.14　映像符号化回路の基本構成

測フレームと合成して現フレームが復元される。これがフレームメモリに入りつぎのフレームに対する参照フレームになる。符号化回路に局所復号化部をもつのは符号器と復号器とで参照フレームを一致させるためである。復号器の参照フレームは量子化や動きベクトルの丸め誤差により符号器の原画とは必ずしも一致しないが局所復号化部によりこの不一致を解消できる。

動き検出部ではフレームメモリからの参照フレームと現フレームとの間で動きベクトル（MV）を探索・検出する。動き補償部（MC）では参照フレームのマクロブロックをMVに従って変位して予測フレームを得る。また，MVは復号時に必要なため量子化残差とともに符号化される。

イントラ予測部は同じフレーム内のみの圧縮で，静止画のJPEGと同じだが，他フレームの参照フレームになる。

10.4.4 フレーム系列

図10.15にフレーム系列の構造を示す。フレームにはつぎの3種類がある。

① Iピクチャ（intra-coded picture）：同一フレーム内のみで圧縮したイントラ予測画像で圧縮率が小さい。単独で復号できるため復号処理の起点になり，映像の早送りや頭出しなどのランダムアクセスに使う。

② Pピクチャ（predictive-coded picture）：直前に符号化済みのIまたはPピクチャから前方にインター予測した画像で，比較的大きく圧縮できる。

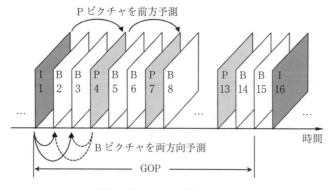

図10.15　フレーム系列とGOP

③ Bピクチャ（bidirectionally predictive-coded picture）：過去と未来のIまたはPピクチャを使う両方向のインター予測で，前後の相関を使うため大きく圧縮でき，さらに，動いた後に現れる背景も予測に取り込める．

図中のGOP（group of pictures）は，1枚以上のIピクチャと何枚かのPおよびBピクチャを含む画像のまとまりで，映像編集などの単位になる．通常，GOPは図のように15枚程度で構成される．テレビのフレームレートは30 fpsであるからIピクチャは0.5秒に1回の割合で挿入される．

Bピクチャの逆方向予測では，現フレーム符号化のために参照する未来のフレームを先に符号化しておく必要がある．例えば，図の符号化順は，I1, P4, B2, B3, P7, …となり，表示と符号化との順序とが異なるためフレームの順序管理が必要になる．BピクチャやGOPは少し時間がかかるため実時間通信のH.261にはなく，録画を目的としたMPEG-1から導入された．

10.4.5 映像符号化の進展

表10.3に映像符号化のおもな世界標準規格の目的や技術について，今日までの歴史的進展を示す．圧縮符号化の基本技術は，動き補償予測（MC），離散コサイン変換（DCT），量子化，エントロピー符号化で，略してMC＋DCTとも呼ばれる．この技術は最初のH.261規格で確立されて以降，改良はされているが基本は最新規格に至るまで踏襲されている．

H.262/MPEG-2は衛星や地上のディジタルテレビ放送を可能にした方式で，DVDビデオなどとともにディジタル家電の普及に大きく貢献した．最新方式のH.265/MPEG-H HEVC（high efficiency video coding，高効率映像符号化）はMPEG-2の4倍の圧縮率を達成し，2018年12月に実用放送を開始した8Kや4Kテレビ放送に採用されている．

おもな改良点としては，MCの予測ブロックやDCTの変換ブロックが画像に応じてさまざまな大きさを選択できること，MVの精度を上げたこと，イントラ予測ではDCTの前に画素値をフレーム内の周辺画素から予測すること，エントロピー符号化では近傍の同種記号の発生確率を常時推定して最適な符号

10. 音声・映像の圧縮

表 10.3 映像符号化技術の進展

規格名, 制定年	目的と適用領域	おもな新規（追加・改善）技術
H.261 1990 年	ISDN 回線で国際間のテレビ電話・会議, CIF で画面を世界共通化	以後の圧縮技術の基本となる「動き補償予測（MC）＋DCT＋量子化＋エントロピー符号化」の基礎を確立
MPEG-1 1991 年	1.5 Mbps 程度で SIF 画質をビデオ CD 録画, VHS 録画並みの画質	両方向予測（B ピクチャ）, GOP 構造によるランダムアクセス可能, 動きベクトル（MV）精度の 1 画素を 1/2 画素に
H.262/MPEG-2 1995 年	放送・通信・蓄積の汎用性, SDTV～HDTV, DVD 録画, ディジタルテレビ・録画を普及	TV 放送のインターレースに対応, スケーラビリティとプロファイル・レベル導入により柔軟性・多様性確保
MPEG-4 1998 年	超低ビットレート伝送, 3G 携帯テレビ電話, ネット配信	任意形状オブジェクト符号化, MV 精度を 1/4 画素に, エラー耐性強化
H.264/MPEG-4 AVC 2003 年	MPEG-2 の 2 倍の圧縮率, ワンセグ～4K テレビに適用, 動画共有サイト, BD 録画	予測ブロック 4×4～16×16 に, イントラ予測 9 方向, 整数 DCT で 4×4 も, ハフマン符号化を CAVLC/CABAC に
H.265/MPEG-H HEVC 2013 年	AVC の 2 倍の圧縮率, 8K テレビまで適用, 今後の映像符号化の主流	予測ブロック 4×4～64×64, イントラ予測 35 方向, DCT ブロック 4×4～32×32, CAVLC/CABAC を CABAC に

・**H.26x** は ITU 制定の規格名　　・**MPEG** は ISO の作業グループ MPEG 制定の規格名
・記号の / で表示された規格は ITU と ISO の合同協力により制定
・**AVC**：advanced video coding　　・**HEVC**：high efficiency video coding

化ができること，などをあげられる。

表 10.4 には表 10.3 の符号化方式について各種画質に対する概略のビットレートと圧縮率を示す。最新の HEVC を用いても 4K や 8K テレビのビットレートはきわめて大きく，帯域幅 6 MHz の地上波放送では当面無理である。したがって衛星による放送になるが，CATV や IPTV 配信でも高度な技術が必要となる。今後，HEVC の 2 倍の圧縮率をもつ新方式が開発されれば，4K 放送のビットレートが 20 Mbps に圧縮され地上波放送の可能性が出てくる。

これらの改良を可能にしたのは LSI の処理能力の向上に負うところが大きい。符号化効率を改善できるアルゴリズムがあっても，その演算量が LSI の実時間処理能力を超えれば採用できないが，何年かすれば処理能力が向上して実装可能になることが期待できる。

表 10.4　各種映像符号化の圧縮率（概略値）

規格名	対象画質 映像形式	ビットレート〔bps〕		圧縮率
		圧縮前	圧縮後	
H.261	CIF	36.5 M	384 k	1/100
MPEG-1	SIF	30.4 M	1.1 M	1/30
H.262/ MPEG-2	SDTV	124 M	4 M	1/30
	HDTV	746 M	20 M	1/40
MPEG-4	CIF 程度	36.5 M	512 k	1/70
H.264/ MPEG-4 AVC	QVGA	13.8 M	320 k	1/40
	HDTV	746 M	10 M	1/80
	4 K UHDTV	7.46 G	80 M	1/90
H.265/ MPEG-H HEVC	HDTV	746 M	5 M	1/160
	4 K UHDTV	7.46 G	40 M	1/180
	8 K UHDTV	29.9 G	120 M	1/250

・対象画質と圧縮前のビットレートは表 9.1 を参照

　4 K や 8 K などの高画質テレビの普及とともに，2020 年からの第 5 世代(5 G)携帯電話は一層の高速・高性能化・高画質化が進むため，動画共有サイトのような映像サービスが飛躍的に増加し，ネット上のトラフィックやビデオサーバのアクセスが非常に増大する．今後とも映像の通信や放送，蓄積を気軽に楽しめるように，映像圧縮符号化のさらなる高能率化が望まれる．

演 習 問 題

10.1　CD の直径は 120 mm，MD の直径は 64 mm である．CD と同品質，同時間の記録をするには MD の圧縮率はどの程度にすべきか．
10.2　人間の聴覚特性はオーディオデータの圧縮でどのように利用されているかを説明せよ．
10.3　動画像の基本的な圧縮技術を四つあげよ．
10.4　人間の視覚特性と DCT による画像圧縮との関係を説明せよ．
10.5　MPEG-1 と MPEG-2 の違いについて述べよ．

付　録

付録1　情報交換用8ビット符号（**JIS 標準符号**）

JIS 標準符号と呼ばれる情報交換用の8ビット符号を**付表 1.1** に示す。これは JIS の標準符号で日本用にカタカナが入っている。

- 0~1列の記号は伝送の制御に使われる符号。例えば，STX はテキストの最初，ACK は自動再送要求（ARQ）の肯定応答などに使用する。
- 国際情報交換用の標準コード（ISO）は，最上位のビット b_7 を使わず，$b_6 b_5 b_4 b_3 b_2 b_1 b_0$ の7ビットコードである（表の左半分）。これは ASCII 7ビットコードに対応する。パリティを1ビット付加して8ビットとして使われることが多い。
- 8ビットコードは $b_7 b_6 b_5 b_4 b_3 b_2 b_1 b_0$ の順に並べ，列の $b_7 b_6 b_5 b_4$ は上位4ビット，行

付表 1.1　情報交換用8ビット標準コード

			列	0	1	2	3	4	5	6	7	8	9	10	11	12	13	14	15
			b_7	0	0	0	0	0	0	0	0	1	1	1	1	1	1	1	1
			b_6	0	0	0	0	1	1	1	1	0	0	0	0	1	1	1	1
			b_5	0	0	1	1	0	0	1	1	0	0	1	1	0	0	1	1
			b_4	0	1	0	1	0	1	0	1	0	1	0	1	0	1	0	1
行	b_3	b_2	b_1 b_0	16進	0	1	2	3	4	5	6	7	8	9	A	B	C	D	E	F
0	0	0	0 0	0	DUL	DEL	SP	0	@	P	`	p				―	タ	ミ		
1	0	0	0 1	1	SOH	DC_1	!	1	A	Q	a	q			。	ア	チ	ム		
2	0	0	1 0	2	STX	DC_2	"	2	B	R	b	r			「	イ	ツ	メ		
3	0	0	1 1	3	ETX	DC_3	#	3	C	S	c	s			」	ウ	テ	モ		
4	0	1	0 0	4	EOT	DC_4	$	4	D	T	d	t			、	エ	ト	ヤ		
5	0	1	0 1	5	ENQ	NAK	%	5	E	U	e	u			・	オ	ナ	ユ		
6	0	1	1 0	6	ACK	SYN	&	6	F	V	f	v			ヲ	カ	ニ	ヨ		
7	0	1	1 1	7	BEL	ETB	'	7	G	W	g	w			ァ	キ	ヌ	ラ		
8	1	0	0 0	8	BS	CAN	(	8	H	X	h	x			ィ	ク	ネ	リ		
9	1	0	0 1	9	HT	EM	)	9	I	Y	i	y			ゥ	ケ	ノ	ル		
10	1	0	1 0	A	LF	SUB	*	:	J	Z	j	z			ェ	コ	ハ	レ		
11	1	0	1 1	B	VT	ESC	+	;	K	[	k	{			ォ	サ	ヒ	ロ		
12	1	1	0 0	C	FF	FS	,	<	L	¥	l					ャ	シ	フ	ワ		
13	1	1	0 1	D	CR	GS	-	=	M	]	m	}			ュ	ス	ヘ	ン		
14	1	1	1 0	E	SO	RS	.	>	N	^	n	~			ョ	セ	ホ	゛		
15	1	1	1 1	F	SI	US	/	?	O	_	o	DEL			ッ	ソ	マ	゜		

の $b_3b_2b_1b_0$ は下位4ビットと呼ぶ．
　　［例］「A」＝01000001，「ヲ」＝10100110
・4ビットを16進数で表すと1けたで表示できる．0〜9は数字のままで，10〜15は英字のA〜Fの各1字で表す（A＝10，B＝11，C＝12，D＝13，E＝14，F＝15）．16進数であることを明示するため，添え字Hを付ける．1バイト（＝8ビット）は16進数の2けたで表示できる．
　　［例］「A」＝0100　0001＝41$_H$，「ヲ」＝1010　0110＝A6$_H$

付録2　モールス符号

欧文および和文のモールス符号を**付表2.1**に示す．表中の順位は確率の大きい順である．英文では文字以外にスペースの発生確率が18.17％ある．

・長点（−）の長さは短点（・）の3倍，長点や短点の間隔は，短点と同じ長さである．文字の間隔は短点の長さの3倍，単語の間隔は短点の長さの7倍である．
・英文では発生確率の大きい文字に短い符号が割り当てられており，符号化の効率がよい．一方，和文では，イ，ロ，ハ，…をA，B，C，…に割り当てたため，符号長と発生確率とは無関係になり符号化の効率が悪い．

付録3　符号長短縮限界の証明

平均符号長Lの限界は式（3.3）で示すようにエントロピーHで与えられること，すなわち次式の関係を証明する．

$$H \leq L < H+1 \tag{付3.1}$$

これに必要なつぎの補助定理（シャノンの補助定理）をまず証明する．

　［シャノンの補助定理］　$r_1, r_2, \cdots, r_N$ が非負の数であり，つぎの関係

$$r_1 + r_2 + \cdots + r_N \leq 1 \tag{付3.2}$$

を満たすとき，つぎの不等式が成立する．

$$-\sum_{i=1}^{N} p_i \log_2 r_i \geq -\sum_{i=1}^{N} p_i \log_2 p_i = H = \text{エントロピー} \tag{付3.3}$$

ここで p_i（$i=1,2,\cdots,N$）は確率であり，$0 \leq p_i \leq 1$．等号はすべてのiについて$r_i = p_i$の場合のみに成立する．

　［補助定理の証明］　**付図3.1**を参照すれば，xに関してつぎの不等式が成り立つ．等号は$x=1$の接点のみで成立する．

$$\log_e x \leq x - 1$$

上式に $x = r_i/p_i$ を代入すれば

付表 2.1 モールス符号（一部）

欧文	確率[%]	順位	モールス符号	和文	順位	欧文	確率[%]	順位	モールス符号	和文	順位
A	6.68	3	・－	イ	2	X	0.136	23	－・・－	マ	19
			・－・－	ロ	42	Y	1.623	17	－・－－	ケ	33
B	1.179	20	－・・・	ハ	31	Z	0.063	26	－－・・	フ	40
C	2.260	13	－・－・	ニ	13				－－－－	コ	14
D	3.100	10	－・・	ホ	41				－・－－－	エ	35
E	10.73	1	・	ヘ	47				・－・－－	テ	6
			・・－・・	ト	8				－－・－	ア	22
F	2.395	12	・・－・	チ	32				－・－・	サ	25
G	1.633	16	－－・	リ	29				－・－・・	キ	18
H	4.305	9	・・・・	ヌ	48				－・・－－	ユ	37
I	5.19	7	・・	濁点	1	=			－・・・－	メ	43
(			－・－－・－	ル	17				・・－・－	ミ	36
J	0.108	24	・－－－	ヲ	28				－－－・－	シ	4
K	0.344	22	－・－	ワ	12				・－－・	エ	6
L	2.775	11	・－・・	カ	3				－・・－・	ヒ	38
M	2.075	14	－－	ヨ	20	/			－・－・・	モ	21
N	5.81	5	－・	タ	5				・－－－・	セ	34
O	6.54	4	－－－	レ	27				－－－・－	ス	24
			－－－・	ソ	30	+			・－・－・	ン	10
P	1.623	18	・－－・	ツ	11				・・－－	半濁	46
Q	0.099	25	－－・－	ネ	41	1			・－－－－	一	
R	5.59	6	・－・	ナ	15	2			・・－－－	二	
S	4.99	8	・・・	ラ	23	3			・・・－－	三	
T	8.56	2	－	ム	45	4			・・・・－	四	
U	2.010	15	・・－	ウ	9	5			・・・・・	五	
			・－・－	ヰ	6	6			－・・・・	六	
			・－－	ノ	7	7			－－・・・	七	
			・－・・・	オ	26	8			－－－・・	八	
V	0.752	21	・・・－	ク	16	9			－－－－・	九	
W	1.260	19	・－－	ヤ	39	0			－－－－－	〇	

$$\log_e\left(\frac{r_i}{p_i}\right) \leq \frac{r_i}{p_i} - 1$$

両辺に p_i をかけて i について和をとれば

$$\sum_{i=1}^{N} p_i \log_e\left(\frac{r_i}{p_i}\right) \leq \sum_{i=1}^{N} (r_i - p_i)$$

$$\sum_{i=1}^{N} (p_i \log_e r_i - p_i \log_e p_i) \leq \sum_{i=1}^{N} (r_i - p_i) = \sum_{i=1}^{N} r_i - 1 \leq 0$$

$$\therefore \quad \sum_{i=1}^{N} p_i \log_e r_i \leq \sum_{i=1}^{N} p_i \log_e p_i$$

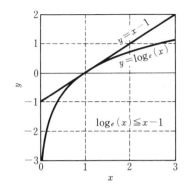

付図 3.1 $\log_e(x)$ と $x-1$ との大小関係

$$\therefore \quad -\sum_{i=1}^{N} p_i \log_2 r_i \geq -\sum_{i=1}^{N} p_i \log_2 p_i = H$$

等号は $r_i = p_i$ のときのみ成立する.また対数の底は e でも 2 でも変換定数がかかるだけで,どちらでも成立する.以上でシャノンの補助定理が証明できた.

[$L \geq H$ の証明] i 番目の符号の長さを L_i とすれば,上記の r_i は次式のように与えられる.

$$r_i = 2^{-L_i}$$

符号が一意・瞬時復号可能であれば,r_i は本文のクラフトの不等式 (3.1) を満たす.したがって,シャノンの補助定理の条件式(付 3.2)を満たす.ここで,$L_i = -\log_2 r_i$ であることを用いると,補助定理から

$$L = -\sum_{i=1}^{N} p_i L_i \geq H$$

が得られる.したがって式 (付 3.1),すなわち,$L \geq H$ が証明できた.ここで,等号は $p_i = 2^{-L_i}$ のときのみ成立する.

[$L < H+1$ の証明] L が $H+1$ よりも短い符号を作れることを示す.

i 番目の符号の長さ L_i を次式を満たす整数とする.このような非負の整数は一つ決まる.

$$-\log_2 p_i \leq L_i < -\log_2 p_i + 1 \tag{付 3.4}$$

左側の不等式から次式の関係が得られる.

$$2^{-L_i} \leq 2^{-\log_2 p_i} = p_i$$

上式を N 個の符号についての和をとれば

$$\sum_{i=1}^{N} 2^{-L_i} \leq \sum_{i=1}^{N} p_i = 1$$

となるから,この符号はクラフトの不等式(3.1)を満たす.したがって,一意・瞬時復号可能な符号をつくることができる.

210　付　　　　　録

式（付 3.4）の両辺に確率をかけて和をとれば，つぎの関係を得る．

$$-\sum_{i=1}^{N} p_i \log_2 p_i \leq \sum_{i=1}^{N} p_i L_i < -\sum_{i=1}^{N} p_i \log_2 p_i + \sum_{i=1}^{N} p_i$$

$$H \leq L < H+1$$

これから，$H+1$ よりも短い符号をつくれることがわかる．

以上のことから，式（付 3.1）が証明できた．式（付 3.4）のように符号をつくれば，L は $H+1$ より小さいが，最短の符号とは限らない．

付録 4　ファクスで使われる MH 符号

4.2 節で述べたファクスの MH 符号（modified Huffman code）では，白や黒のランの長さ L を次式のように 64 進数で表す．

$$L = 64 m + t \tag{付4.1}$$

1 行のラン長は 0～1 728 であるので，m は 27 種類，t は 64 種類になる．m は組立（make up）符号，t は終端（terminating）符号と呼ばれ，それぞれ**付表 4.1** で与えられる．発生確率が高い白や黒のラン長には，ハフマン符号化により短い符号が割り当てられている．これらはすべて瞬時符号になっている．

行の始まりを示す符号として 12 ビットの EOL（end of line）＝000000000001 を送る．行の最初は白ランから始めるものとする．黒ランが最初にある場合は白ラン 0 を置く．EOL を検出すればその行は終了することがわかる．また，文書の終わりには EOL を 6 回繰り返し送信する．

付表 4.1　ファクスの MH 符号

（a）組立符号

ラン長	白ラン符号	黒ラン符号	ラン長	白ラン符号	黒ラン符号
64	11011	0000001111	960	011010100	0000001110011
128	10010	000011001000	1024	011010101	0000001110100
192	010111	000011001001	1088	011010110	0000001110101
256	0110111	000001011011	1152	011010111	0000001110110
320	00110110	000000110011	1216	011011000	0000001110111
384	00110111	000000110110	1280	011011001	0000001010010
448	01100100	000000110101	1344	011011010	0000001010011
512	01100101	0000001101100	1408	011011011	0000001010100
576	01101000	0000001101101	1472	010011000	0000001010101
640	01100111	0000001001010	1536	010011001	0000001011010
704	011001100	0000001001011	1600	010011010	0000001011011
768	011001101	0000001001100	1664	011000	0000001100100
832	011010010	0000001001101	1728	010011011	0000001100101
896	011010011	0000001110010			

付表4.1 (つづき)
(b) 終端符号

ラン長	白ラン符号	黒ラン符号	ラン長	白ラン符号	黒ラン符号
0	00110101	0000110111	32	00011011	000001101010
1	000111	010	33	00010010	000001101011
2	0111	11	34	00010011	000011010010
3	1000	10	35	00010100	000011010011
4	1011	011	36	00010101	000011010100
5	1100	0011	37	00010110	000011010101
6	1110	0010	38	00010111	000011010110
7	1111	00011	39	00101000	000011010111
8	10011	000101	40	00101001	000001101100
9	10100	000100	41	00101010	000001101101
10	00111	0000100	42	00101011	000011011010
11	01000	0000101	43	00101100	000011011011
12	001000	0000111	44	00101101	000001010100
13	000011	00000100	45	00000100	000001010101
14	110100	00000111	46	00000101	000001010110
15	110101	000011000	47	00001010	000001010111
16	101010	0000010111	48	00001011	000001100100
17	101011	0000011000	49	01010010	000001100101
18	0100111	0000001000	50	01010011	000001010010
19	0001100	00001100111	51	01010100	000001010011
20	0001000	00001101000	52	01010101	000000100100
21	0010111	00001101100	53	00100100	000000110111
22	0000011	00000110111	54	00100101	000000111000
23	0000100	00000101000	55	01011000	000000100111
24	0101000	00000010111	56	01011001	000000101000
25	0101011	00000011000	57	01011010	000001011000
26	0010011	000011001010	58	01011011	000001011001
27	0100100	000011001011	59	01001010	000000101011
28	0011000	000011001100	60	01001011	000000101100
29	00000010	000011001101	61	00110010	000001011010
30	00000011	000001101000	62	00110011	000001100110
31	00011010	000001101001	63	00110100	000001100111

(c) 行末の符号

EOL	000000000001

参 考 文 献

(1) C. E. Shannon："A mathematical theory of communication", Bell System Technical Journal, Vol. 27, No. 3, pp. 379-423（July 1948）；No. 4, pp. 623-656（Oct. 1948）
(2) 瀧　保夫：通信方式，コロナ社（1963）
(3) 笠原芳郎：情報理論と通信方式，共立出版（1965）
(4) 藤田廣一：基礎情報理論，昭晃堂（1969）
(5) N. アブラムソン著，宮川　洋訳：情報理論入門，好学社（1969）
(6) 宮川　洋：情報理論，コロナ社（1979）
(7) 小沢一雅：情報理論の基礎，国民科学社（1980）
(8) 今井秀樹：情報理論，昭晃堂（1984）
(9) 今井秀樹：符号理論，電子情報通信学会（1990）
(10) 林　謙二：CD―オーディオからパソコンへ，コロナ社（1990）
(11) 中川聖一：情報理論の基礎と応用，近代科学社（1992）
(12) 中島平太郎：図解ディジタルオーディオ読本，オーム社（1992）
(13) 南　敏：情報理論（第2版），産業図書（1993）
(14) 植松友彦：文書データ圧縮アルゴリズム入門，CQ出版社（1994）
(15) 樽松　明：情報処理概論，培風館（1996）
(16) 江藤良純，金子敏信：誤り訂正符号とその応用，オーム社（1996）
(17) 西澤台次，田崎三郎：ディジタル放送，オーム社（1996）
(18) 橋本　猛：情報理論，培風館（1997）
(19) 谷萩隆嗣：マルチメディアとディジタル信号処理，コロナ社（1997）
(20) 松尾憲一：ディジタル放送技術，東京電機大学出版局（1997）
(21) 塩野　充：わかりやすいディジタル情報理論，オーム社（1998）
(22) 小野文孝，渡辺　裕：国際標準画像符号化の基礎技術，コロナ社（1999）

改訂版での参考文献

(23) 半谷精一郎，杉山賢二：JPEG・MPEG完全理解，コロナ社（2005）
(24) 小川博司，田中伸一：図解ブルーレイディスク読本，オーム社（2006）
(25) 中島平太郎，小川博司：図解CD読本，オーム社（2008）

(26) 貴家仁志,吉田俊之,鈴木輝彦,広明敏彦:画像情報符号化,コロナ社 (2008)
(27) 伊坂元彦:"理論限界に迫る誤り訂正符号化の手法",映像情報メディア学会誌,vol. 60, No. 9, pp. 1367-1372 (2008)
(28) 西村芳一:データの符号化技術と誤り訂正の基礎,CQ 出版 (2010)
(29) 和田山正:誤り訂正技術の基礎,森北出版 (2010)
(30) 村上篤道,浅井光太郎,関口俊一:高効率映像符号化技術 HEVC/H.265 とその応用,オーム社 (2013)
(31) 大久保栄,鈴木輝彦,高村誠之,中條健:H.265/HEVC 教科書,インプレスジャパン (2013)
(32) 電子情報通信学会:知識ベース,1 群-2 編「符号理論」,4 群-1 編「無線通信基礎」,など (http://www.ieice-hbkb.org/)

演習問題解答

【1 章】

1.1 情報源符号化：冗長削除，データ圧縮，可変長符号，高能率化。通信路符号化：雑音，冗長付加，誤り検出・訂正，高信頼化。伝送路符号化：モデム，変調，伝送路との整合。

1.2 1.3.3項および表1.2参照。

1.3 1.3.1項参照。2進数のけた数の単位と情報量の単位の2種類。

1.4 8ビット符号は固定長符号で文字の発生確率に依存せず情報源符号化不可。英文モールス符号の長短は発生確率で決められ情報源符号化している。和文モールス符号は確率と対応せず情報源符号化されていない。

1.5 1.5.1項参照。改善できる雑音：熱雑音。改善できない雑音：波形ひずみ，記録媒体の傷。

1.6 太い伝送路とは，1秒間に多くのビット数（パルス数）を送れる伝送路で，広い周波数帯域を使用できる高速な伝送路。細い伝送路は逆。

【2 章】

2.1 表の確率は $p=1/2$ で $I=-\log_2 1/2=-\log_2 2^{-1}=1\times\log_2 2=1\times 1=1$ ビット。

2.2 （イ）は必ず起こるので事前の確率は1であり，$I=-\log_2 1=-\log_2 2^0=0$ ビット。（ロ）奇数の確率は1/2で，$I=-\log_2 1/2=-\log_2 2^{-1}=1$ ビット。（ハ）確率は1/2で（ロ）と同じ。（ニ）確率は1/6で，$I=-\log_2 1/6=3.322\times\log_{10}6=2.58$ ビット。

2.3 A君の情報は4種類のうちの1種類であるから，事前確率は1/4であり $I_A=-\log_2 1/4=2$ ビット。B君の情報は13種類のうちの1種類であるから $I_B=-\log_2 1/13=3.70$ ビット。C君の情報の事前確率は1/52であるから $I_C=-\log_2 1/52=5.70$ ビット。C君はA君とB君の独立な情報を併せもつから $I_C=I_A+I_B=2+3.7=5.7$ であり，情報の加法則が成り立っている。

2.4 合格率を p とすれば，合格の自己情報量 $I=-\log_2 p=3$ ビットであるから，$p=2^{-3}=1/8=12.5$ %。不合格の率は $q=1-p=7/8$ だからエントロピーは $H=-p\log_2 p-q\log_2 q=1/8\times 3+7/8\times 0.192\,4=0.544$ bit/symbol。

2.5 A町：$H_A=-(0.5\log_2 0.5+0.3\log_2 0.3+0.2\log_2 0.2)=1.49$ bit/symbol

B町：$H_B = -(0.85 \log_2 0.85 + 0.1 \log_2 0.1 + 0.05 \log_2 0.05) = 0.748$ bit / symbol
$H_B < H_A$。B町はほとんどが晴れで，予報の情報量が少なく価値は低い。

2.6　$H_f(p)$ を微分して $p=1/2$ で極値をもつことを示すが，対数の底を e に変換して微分する。定数の係数がかかるだけで極値を与える p は同じである。$H(p) = -p\log_e p - (1-p)\log_e(1-p)$ とおいて微分したものを 0 とすれば，$\log_e[(1-p)/p] = 0$ から $p=1/2$。2 階微分は負になるのでこれは最大値。

【3 章】

3.1　表 3.2 の符号 C_1，C_3 の平均符号長は，それぞれ 2，1.55 ビット / 記号で，10 000 個の記号ではそれぞれ 20 000，15 500 ビットになる。速度は 1 秒間に 50 ビットであるから，伝送時間はそれぞれ 400 秒，310 秒となる。

3.2　式 (3.5) の関係が成り立ち，かつ全確率和は 1 になる必要がある。2 種類の記号では両者とも確率が 1/2 のとき。3 記号では確率が 1/2, 1/4, 1/4 のとき。4 記号では確率がすべて 1/4 のとき，または 1/2, 1/4, 1/8, 1/8 のとき。

3.3　N 種類の記号 2 個を 1 記号としたときの記号数は N^2，各確率は $p_{ij} = p_i \times p_j$ で与えられる。2 次拡大情報源のエントロピーは式 (2.12) から

$$H_2 = -\sum_{i,j=1}^{N^2} p_{ij} \log_2 p_{ij} = -\sum_{i,j=1}^{N^2} p_i p_j \log_2 p_i - \sum_{i,j=1}^{N^2} p_i p_j \log_2 p_j$$

となる。第 1 項，第 2 項で i および j について先に和を取ると 1 次情報源のエントロピーになり

$$H_2 = \sum_{j=1}^{N} p_j H_1 + \sum_{j=1}^{N} p_i H_1 = 2H_1$$

となる。同様に 3 次以上の拡大情報源についても次数倍になる。

3.4　$H = 0.7219$ bit/symbol。ハフマン符号化により平均符号長 L を求める。符号化の効率は式 (3.6) で求める。1 次拡大：$L=1$ bit/symbol，$e=72.2\%$。2 次拡大：$L=0.780$，$e=92.6\%$。3 次拡大：$L=0.728$，$e=99.2\%$。4 次拡大：$L=0.741$，$e=97.5\%$。4 次に拡大すると効率が下がる。これは各記号の確率が問題 3.2 の理想的な確率分布からずれてくるため。記号によってブロックする個数を変えればより理想的な確率分布に近づいて効率を上げられる。

【4 章】

4.1　符号 "000" を記号 A とおくと A の確率は $0.8^3 = 0.512$，"001" を B とし確率は $0.8^2 \times 0.2 = 0.128$，"01" を C とし $0.8 \times 0.2 = 0.16$，"1" を D とし確率は 0.2 である。これら 4 種類の記号 A〜D をハフマン符号化すれば，例えば，A=0，B=100，C=101，D=11 となる。

4.2 付録4の式（付4.1）を用いる。最初の白ランの500ドットは，組立符号は $m=7$ で $7\times64=448$ の "01100100"，終端符号は $t=500-448=52$ の "01010101" となる。つぎの黒ラン8ドットは，組立符号なしで終端符号は $t=8$ の "000101" となる。以下同様に，白ラン10は $t=10$ の "00111"，黒ラン10は "0000100"，白ラン1200は，組立符号 "011010111"，終端符号 "00001011" となる。したがって符号列は

"0110010001010101000101001110000100011010111100001011"

である。実際には最後の白ランはつぎのラインの EOL = "000000000001" で置き換えて

"0110010001010101000101001110000100000000000000001"

とする。

4.3 MH符号は瞬時符号であるから最初から順に復号できる。白200，黒2，白300，黒5ドットとEOL（12ビット）に復元できる。

4.4 出力記号列はABACX(5, 2)Y(3, 2)CXCA(5, 2)Yとなる。

4.5 出力記号列は (0, A)(0, B)(1, C)(0, X)(1, B)(0, Y)(5, C)(4, C)(7, Y) となる。辞書は #1：A，#2：B，#3：AC，#4：X，#5：AB，#6：Y，#7：ABC，#8：XC，#9：ABCY となる。

【5 章】

5.1 5.1.2項参照。

5.2 最大のハミング距離になる二つの符号語を選ぶ。(2,1) 符号では $d_H=2$ となる 01 と 10 の組合せ。(3,1) 符号では $d_H=3$ となる 100 と 011，110 と 001，010 と 101 の組がある。

5.3 復号誤りは $m+1$ 個以上のビットが誤った場合に誤訂正によって生じる。したがって，誤り率は $p = {}_nC_{m+1}p_e^{m+1}(1-p_e)^{n-m-1} + {}_nC_{m+2}p_e^{m+2}(1-p_e)^{n-m-2} + \cdots p_e^n$ で与えられる。p_e が小さければ初項のみで近似できる。例えば $n=5$ のとき $p \simeq 10p_e^3(1-p_e)^2$ などとなる。これらは図5.4からもわかる。

5.4 5.2.3項参照。

5.5 式 (5.13)，(5.14) から $d_H=6$ では検出は5ビット，訂正は2ビットまで，$d_H=7$ では検出は6ビット，訂正は3ビットまで可能。

5.6 式 (5.31) から，相互情報量は情報源記号の発生確率によって変化。式 (5.37) から通信路容量は，実際につなぐ情報源とは独立に情報源記号の発生確率分布を任意に変化させて相互情報量を最大にしたものであり，情報源に依存せずに伝送路の特性のみで決まる。

【6 章】

6.1 式 (6.4) から s_1, s_2, s_3 は 110 となり，000 でないから誤りがある．エラーテーブル表 6.3 から 110 は第 3 ビットが誤りであることがわかり，これを訂正して正しい符号は "0101100" である．

6.2 検査ビット：$c_1 = a, c_2 = a$．パリティ検査方程式：$a \oplus c_1 = 0, a \oplus c_2 = 0$．シンドローム：$s_1 = a \oplus c_1, s_2 = a \oplus c_2$．エラーテーブルは**解表 6.1**．

解表 6.1　エラーテーブル

e_1	e_2	e_3	s_1	s_2
0	0	0	0	0
1	0	0	1	1
0	1	0	1	0
0	0	1	0	1

6.3 上記のシンドローム：$s_1 = a \oplus c_1, s_2 = a \oplus c_2$ を用いる．a, c_1, c_2 の 3 ビットのうち 2 ビット誤りは 3 通りある．いずれの組合せでも s_1, s_2 は 00 にはならず誤りは検出できる．しかし，エラーテーブルが 1 ビット誤りと同じものが出るため訂正はできない．これは $d_H = 3$ であることからもわかる．

6.4 （1）$s_1 = e_1 \oplus e_3 \oplus e_5 \oplus e_7, s_2 = e_2 \oplus e_3 \oplus e_6 \oplus e_7, s_3 = e_4 \oplus e_5 \oplus e_6 \oplus e_7$
（2）および（3）は**解表 6.2** 参照．

解表 6.2　エラーテーブル

位置	誤りパターン							s_1	s_2	s_3	$(s_3 s_2 s_1)$	10 進数
なし	0	0	0	0	0	0	0	0	0	0	000	0
1	1	0	0	0	0	0	0	1	0	0	001	1
2	0	1	0	0	0	0	0	0	1	0	010	2
3	0	0	1	0	0	0	0	1	1	0	011	3
4	0	0	0	1	0	0	0	0	0	1	100	4
5	0	0	0	0	1	0	0	1	0	1	101	5
6	0	0	0	0	0	1	0	0	1	1	110	6
7	0	0	0	0	0	0	1	1	1	1	111	7

6.5 誤りがあれば s_1, s_2, s_3 の少なくとも一つが "1" となるので，図 6.6 の s_1, s_2, s_3 の出力の OR をとればよい．

【7 章】

7.1 解答略．[例題 7.3] 参照．

218　演習問題解答

7.2　受信符号 0111100 を 1011 で割り算すると余りが 110 となり誤りがある。［例題 7.3］で述べたように，エラーテーブルは表 6.3 と同じで誤りは第 3 ビットにある。これを訂正すれば正しい符号は "0101100" となる。

7.3　(x^7-1) を x^3+x+1 で割れば余りが 0 になる。

7.4　情報は 0 と 1 の 1 ビット。これらを左に 2 ビットシフトした 000 と 100 を $G(x)$ の 111 で割り算すれば余りはそれぞれ 00 と 11 になり，これを加えた 000 と 111 が送信符号語になる。

7.5　符号を n ビットとすれば，受信多項式は係数 a_i を 0 または 1 として
$$a_{n-1}x^{n-1}+a_{n-2}x^{n-2}+\cdots+a_0$$
と表せる。これを $x+1$ で割れば余りが $a_{n-1}\oplus a_{n-2}\oplus\cdots\oplus a_0$ となる。偶数パリティであるから誤りがなければこれは 0 になって割り切れる。

7.6　$G(x)=x+1$ であるから，図 7.4 の遅延回路 D が 1 個である。その出力を入力側にフィードバックした形になる。

7.7　CIRC と呼ばれる方法で，連接符号として RS 符号を二重に用い，間にインタリーブをかけてバースト誤りをランダム化する（7.2.4 項参照）。

7.8　図 7.15 の状態遷移図から，"00 11 10 01 10 11" となる。

7.9　図 7.17 と同様の復号手順を用いる。生き残りパスは，$S_{00} \to S_{00} \to S_{01} \to S_{11} \to S_{11} \to S_{10} \to S_{00}$ で，ハミング距離の累積値は 2 である。第 3 と第 7 ビットに誤りが生じており，訂正した符号（送信符号）は "00 11 10 01 10 11" となる。

【8 章】

8.1　［例 8.1］参照。

8.2　8.1.3 項参照。ディスクの記録ではクロック再生のため低周波成分を，装置特性のために高周波成分を抑えるのでピットの最短・最長を制限する。14 ビットでは $2^{14}=16\,384$ 個の符号ができ，このうち上記の条件を満たす 256 個（8 ビット）を符号語とするので非符号語は 16 128 個。

8.3　c_i, c_q で ± 1 を表すと I, Q-ch の合成出力はつぎのようになる。
$$c_i\cos(2\pi f_c t)+c_q\sin(2\pi f_c t)=\sqrt{2}\cos(2\pi f_c t+\theta)$$
ここで $\theta=\tan^{-1}(c_q/c_i)$。したがって c_i, c_q の ±1 によって信号点は $\theta=\pm\pi/4$, $\pm 3\pi/4$ の 4 点で，図 8.8（b）の信号点を 45° 回転させた配置。

8.4　図 8.8 で信号電圧に相当する半径を 1 とすれば，隣接する信号点の距離は，BPSK で 2，QPSK で $\sqrt{2}=1.414$，8 PSK で $2\sin(\pi/8)=0.765$。同じ BER を得るには電圧比をこれらの距離比だけ拡大する。BPSK に比べ QPSK は 3.0 dB（$=20\log_{10}\sqrt{2}$），8 PSK は 8.3 dB だけ CN 比を大きくする必要がある。図 8.10

演 習 問 題 解 答　　219

ではおおむねこの関係になっている。

8.5 通常は別々に行われる通信路符号化と伝送路符号化を組み合わせて信頼性を上げる方式。通信路符号化で付加する冗長を多値変調で吸収し，信号点が隣接して誤りが生じやすいビットは通信路符号化で保護する。衛星ディジタル放送にはTC8PSKが使用されている（8.3.2項参照）。

【9 章】

9.1 標本化周波数より低い周波数で標本化した波形は，スペクトルが重なるため元の波形と異なって復元されること（9.1.1項参照）。

9.2 標本化周波数は帯域幅の2倍の8.4 MHz。1標本値が12ビットであるから $8.4\,\mathrm{M} \times 12 = 100.8\,\mathrm{Mbps}$。

9.3 $C = 10\,\mathrm{kbps}$ となる S/N を求める。式（9.9）から $\log_2(1+S/N) = C/B = 10$ だから $1+S/N = 2^{10}$。$S/N = 1\,023$。信号電力は $S = 1\,023 \times N = 1\,023 \times 10^{-6} = 1.02 \times 10^{-3}$。1.02 mW 以上。

9.4 標本化周波数は $6\,\mathrm{MHz} \times 2 = 12\,\mathrm{MHz}$。10ビット量子化による伝送速度は $12\,\mathrm{MHz} \times 10\,\mathrm{bit} = 120\,\mathrm{Mbps}$。$C = 120\,\mathrm{Mbps}$，$B = 8\,\mathrm{MHz}$ から $\log_2(1+S/N) = C/B = 15$。$1+S/N = 2^{15}$。$S/N = 2^{15}-1 \fallingdotseq 2^{15}$。dB値 $10\log_{10}2^{15} = 150\log_{10}2 = 45.2$。45.2 dB。

9.5 1画面 3.6×10^5 画素を1画素当り24ビット量子化すると1画面で $24 \times 3.6 \times 10^5 = 8.64 \times 10^6$ ビット。1秒30枚の伝送速度は $30 \times 8.64 \times 10^6 = 259\,\mathrm{Mbps}$。式（9.10）で $C = 259\,\mathrm{Mbps}$，$S/N = 40\,\mathrm{dB} = 10^4$ のときの B を求める。$B = C/\log_2(S/N) = 259\,\mathrm{Mbps}/\log_2 10^4 = 259\,\mathrm{M}/4\log_2 10 = 64.75\,\mathrm{M}/3.322 = 19.5\,\mathrm{M}$。19.5 MHz。

【10 章】

10.1 MDの面積はCDの $(64/120)^2 = 1/3.5$。記録密度（単位面積に記録できるビット数）を同じとすれば1/3.5以下に圧縮する必要がある。実際には高品質・高機能化のため1/5程度に圧縮する。

10.2 サブバンド符号化にマスキング効果や最小可聴特性を利用する。信号を周波数帯域ごとに細かく分割し，マスクされたり電力が小さいサブバンドには量子化ビットの割当を少なくして圧縮する（10.2節参照）。

10.3 動き補償予測（MC），離散コサイン変換（DCT），量子化，エントロピー符号化。各技術については10.3, 10.4節参照。この中でもMCとDCTが中心技術で，圧縮技術をMC＋DCTと表現することもある。

10.4 人間の視覚は画面中の細かい変化に鈍感である。これを利用するため1画面内

の空間変化成分を DCT により分解する（サブバンド符号化に対応）。DCT 係数は高周波分が小さくなる。さらに少なくしても品質劣化は目立たず量子化ビット数を削減して圧縮する。

10.5 両者とも圧縮の基本技術は同じ。MPEG-1 は CD などの蓄積媒体とパソコンでの再生用で順次走査。家庭用 VTR 並みの品質で映像は 1.2 Mbps，音声は 0.2 Mbps。MPEG-2 は放送用で飛越し走査に対応。アナログテレビの SDTV から HDTV までの広い品質レベルの規格がある。

索　引

【あ】

アドレス	178
誤り検出・訂正符号化	9
誤り検出符号	59
誤り制御	57
誤り多項式	111
誤り訂正	58
誤り訂正符号	59, 116
誤りパターン	66, 94

【い】

一意的に復号可能	30
イレージャによる訂正	119
インターネット	179
インターネット電話	181
インター予測	199
インタリーブ	120
イントラ予測	199

【う】

動きベクトル	200
動き補償予測	199
内符号	120

【え】

枝	32
エラーテーブル	95
エリアシング	164
エントロピー	23
エントロピー関数	24
エントロピー符号化	48

【お】

音声符号化	183

【か】

回線交換	178
解凍	48

【き】

ガウスの記号	72
拡大情報源	41
可逆圧縮	47
画素	168
可変長符号	7
可変長符号化	196
完全事象	22

【き】

記憶	
——のある情報源	27
——のない情報源	27
記号	3
輝度	169
ギャランティ型	178
記録符号化	148

【く】

組立符号	50
クラフトの不等式	34
グレイ符号	155
クロック	5

【け】

結合確率	74
検査ビット	59

【こ】

高信頼符号化	9
拘束長	128
高能率符号化	9, 29
硬判定	135
固定長符号	7
コンパクト符号	37

【さ】

最小可聴曲線	189
最小距離	66
最小ハミング重み	99
最小ハミング距離	66
再送要求	57
最大エントロピー	26
最大距離分離符号	118
最大事後確率復号法	135
最短符号	37
最尤復号	131
雑音	4
——がある場合の符号化定理	83
——のない場合の符号化定理	45
サブバンド符号化	190
サンプリング周期	162
サンプリング周波数	162
サンプリング定理	161

【し】

しきい値	11
色差	169
色差成分係数	169
事後エントロピー	78
事後確率	19, 75
自己情報量	19
事象	17
次世代ネットワーク	181
事前エントロピー	78
事前確率	19, 75
時分割多重	167
シャノン	1
——の第1基本定理	45
——の第2基本定理	83
シャノン・ハートレーの定理	174
終端符号	50
巡回検査符号	105
瞬時符号	30
条件付き確率	74
状態遷移図	129

冗長度	26, 60
情報	3
情報源	3
情報源アルファベット	3
情報源符号化	9, 29
情報源符号化定理	45
情報量	23
情報量の加法性	17
情報量の単位	19
剰余多項式	108
信号空間	153
信号電力対雑音電力比	156
伸張	48
シンドローム	94, 112
シンボル	3
シンボルレート	153

【す】

水平・垂直パリティ検査符号	87
スライド辞書法	52
スレッショルド	11

【せ】

生成行列	101
生成多項式	108
積符号	119
接頭語条件	33
線形符号	98

【そ】

相互情報量	77
送信多項式	108
相対エントロピー	26
組織符号	60
外符号	120
疎な行列	137

【た】

多重化	167
多数決符号	62
畳込み符号	126
多値変調	152

タナーグラフ	138
ターボ符号	134
単一パリティ検査符号	86
短縮化	118

【ち】

遅延時間	178
聴覚特性	189
直交振幅変調	153

【つ】

通信規約	179
通信路行列	74
通信路線図	74
通信路符号化	9, 56
通信路符号化定理	83
通信路容量	13, 81
通信路容量定理	174
通報	3

【て】

ディジタル変調	150
低密度パリティ検査符号	136
デインタリーブ	121
適応差分 PCM	184
適応変調	155
適応量子化	184
データ圧縮	9, 29, 47
伝送速度	12
伝送路	4
伝送路符号化	10, 145

【と】

同期信号	5
等長符号	7
動的辞書法	53
独立事象	17
トレリス線図	129
トレリス符号	129
トレリス符号化変調	157

【な】

ナイキスト周波数	162
軟判定	135

【に】

2元対称通信路	75
2元符号	6
2重符号化リード・ソロモン符号	122

【ね】

根	32

【は】

葉	32
排他的論理和	64
バイト	7
バイト誤りの訂正	118
ハイブリッド ARQ	140
ハイブリッド符号化	183
波形符号化	183
パケット	178
パケット交換	178
バースト誤り	57, 112
ハフマン符号	39
ハフマンブロック符号化	42
ハミング重み	66
ハミング距離	65
ハミング符号	90
パリティ検査行列	102
パリティ検査符号	85
パリティ検査方程式	93
パリティビット	85, 93
パルス振幅変調	163
パンクチャド符号	134
搬送波電力対雑音電力比	156
反復の復号法	134

【ひ】

非可逆圧縮	47
ピクセル	168

索引　223

非瞬時符号	30
ビタビ復号	131
ビット	6, 19
ビット誤り率	12, 57
ビット／記号	23
ビット／シンボル	23
ビットレート	153
非等長符号	7
非符号語	59
非ブロック符号	126
標本化	161
標本化関数	163
標本化周期	162
標本化周波数	162
標本化定理	161

【ふ】

復号化	4
復調	10, 150
符号化	4
——の効率	38
符号化変調	157
符号化率	60, 128
符号化利得	64
符号間干渉	173
符号空間	67
符号語	59
符号多項式	107
符号の木	31
符号ベクトル	101
節	32
フレームレート	171
フレーム間予測	199

フレーム内予測	199
ブロック化	41
ブロック符号	126
プロトコル	179
ブロードバンド	173
分析合成符号化	183

【へ】

平均値	22
平均情報量	23
平均符号長	35
——の限界定理	38
ベストエフォート型	178
ベースバンド信号	145
ヘッダ	178
変調	10, 150
変復調器	10, 150

【ほ】

ボーレート	153

【ま】

マスキング効果	190
マルコフ情報源	27
マンチェスタ符号	148

【め】

メッセージ	3
メトリック	131

【も】

モデム	10, 150
モールス符号	8

【ゆ】

ユニバーサル符号化	51
ユニポーラ NRZ	147

【よ】

予測符号化	184

【ら】

ランダム誤り	57
ランレングス符号化	50

【り】

離散コサイン変換	193
リード・ソロモン符号	118
量子化	161, 165
量子化誤差	165
量子化雑音	165
量子化テーブル	196
量子化ビット数	166

【る】

ルータ	178

【れ】

連接符号	120

【ろ】

ロスレス圧縮	47

【A】

AAC	191
ADPCM	184
ALS	191
AMI	148
ARQ	57
ASCII	7
ASK	150
AVC	204

【B】

B ピクチャ	203
BCH 符号	117
BER	12
bit	6
bps	12
BPSK	152
BSC	75

【C】

CELP	185
CIRC	122
CN 比	156

索引

【C】
- CRC 符号　105
- CS-ACELP　188

【D】
- DCT　193
- DCT 係数　194

【E】
- EFM　149

【F】
- FEC　58
- FSK　151

【G】
- GIF　198

【H】
- HARQ　140
- HEVC　204
- H.26x　204

【I】
- I ピクチャ　202
- IP　180
- IP 電話　181
- IP ネットワーク　181
- ISO　192
- ITU　167

【J】
- JPEG　192
- JPEG2000　197

【L】
- LDPC 符号　136
- LZ 符号化　52

【M】
- MC　199
- MDCT　195
- MH 符号化　51
- MP3　190
- MPEG　198, 204
- MR 符号化　51
- MV　200

【N】
- NGN　181
- (n, k) 符号　59

【P】
- P ピクチャ　202
- PCM　165
- PNG　198
- PSK　151

【Q】
- QAM　153
- QPSK　152

【R】
- RGB　168
- RS 符号　118
- RTP　188

【S】
- SN 比　156

【T】
- TCM　157
- TCP　180
- TDM　167

【U】
- UDP　181

【V】
- VoIP　181

【X】
- XOR　64

【Y】
- YUV　169

―― 著者略歴 ――

- 1969年 大阪大学工学部通信工業科卒業
- 1974年 大阪大学大学院博士課程修了（通信工学専攻），工学博士
- 1974年 日本電信電話公社（現 NTT）電気通信研究所勤務
- 1990年 ATR 光電波通信研究所勤務
- 1996年 摂南大学教授
- 2014年 摂南大学名誉教授

改訂 マルチメディア時代の情報理論
Information Theory in Multimedia Era (Revised Edition)　　Ⓒ Eiichi Ogawa 2000, 2019

2000 年 4 月 21 日　初　版第 1 刷発行
2018 年 2 月 10 日　初　版第 20 刷発行
2019 年 4 月 25 日　改訂版第 1 刷発行
2022 年 12 月 5 日　改訂版第 5 刷発行

検印省略

著　者　小川　英一（おがわ　えいいち）
発行者　株式会社　コロナ社
　　　　代表者　牛来真也
印刷所　新日本印刷株式会社
製本所　有限会社　愛千製本所

112-0011　東京都文京区千石 4-46-10
発行所　株式会社　コロナ社
CORONA PUBLISHING CO., LTD.
Tokyo Japan
振替00140-8-14844・電話(03)3941-3131(代)
ホームページ　https://www.coronasha.co.jp

ISBN 978-4-339-02893-5　C3055　Printed in Japan　　　（大井）

JCOPY ＜出版者著作権管理機構 委託出版物＞
本書の無断複製は著作権法上での例外を除き禁じられています．複製される場合は，そのつど事前に，出版者著作権管理機構（電話 03-5244-5088，FAX 03-5244-5089, e-mail: info@jcopy.or.jp）の許諾を得てください．

本書のコピー，スキャン，デジタル化等の無断複製・転載は著作権法上での例外を除き禁じられています．
購入者以外の第三者による本書の電子データ化及び電子書籍化は，いかなる場合も認めていません．
落丁・乱丁はお取替えいたします．

電気・電子系教科書シリーズ

(各巻A5判)

■編集委員長　高橋　寛
■幹　　　事　湯田幸八
■編集委員　　江間　敏・竹下鉄夫・多田泰芳
　　　　　　　中澤達夫・西山明彦

配本順		書名	著者	頁	本体
1.	(16回)	電気基礎	柴田尚志・皆藤新二 共著	252	3000円
2.	(14回)	電磁気学	多田泰芳・柴田尚志 共著	304	3600円
3.	(21回)	電気回路Ⅰ	柴田尚志 著	248	3000円
4.	(3回)	電気回路Ⅱ	遠藤　勲・鈴木靖典 共編著 木村純一・吉澤昌恵・降矢典雄 共著	208	2600円
5.	(29回)	電気・電子計測工学(改訂版) ―新SI対応―	福田　拓・吉村和昭・高西　西平・下西二郎 共著	222	2800円
6.	(8回)	制御工学	奥平鎮正・青木立幸 共著	216	2600円
7.	(18回)	ディジタル制御	青木　俊・西堀俊幸 共著	202	2500円
8.	(25回)	ロボット工学	白水俊次 著	240	3000円
9.	(1回)	電子工学基礎	中藤達夫・澤原勝幸 共著	174	2200円
10.	(6回)	半導体工学	渡辺英夫 著	160	2000円
11.	(15回)	電気・電子材料	中澤達夫・藤原勝幸・押田服部 共著	208	2500円
12.	(13回)	電子回路	須田健二・土田英二 共著	238	2800円
13.	(2回)	ディジタル回路	伊原充博・若海弘夫・吉澤昌純・室　巌 共著	240	2800円
14.	(11回)	情報リテラシー入門	山下　賀・室賀　進 共著	176	2200円
15.	(19回)	C++プログラミング入門	湯田幸八 著	256	2800円
16.	(22回)	マイクロコンピュータ制御 プログラミング入門	柚賀正光・千代谷慶 共著	244	3000円
17.	(17回)	計算機システム(改訂版)	春日健・舘泉雄治 共著	240	2800円
18.	(10回)	アルゴリズムとデータ構造	湯田幸八・伊原充博 共著	252	3000円
19.	(7回)	電気機器工学	前田　勉・新谷邦弘 共著	222	2700円
20.	(31回)	パワーエレクトロニクス(改訂版)	江間　敏・高橋　勲 共著	232	2600円
21.	(28回)	電力工学	江間　敏・甲斐隆章 共著	296	3000円
22.	(30回)	情報理論	三木成彦・吉川英機 共著	214	2600円
23.	(26回)	通信工学	竹下鉄夫・吉川英夫 共著	198	2500円
24.	(24回)	電波工学	松田豊稔・宮田克正・南部幸久 共著	238	2800円
25.	(23回)	情報通信システム(改訂版)	岡田裕史・桑原月原史 共著	206	2500円
26.	(20回)	高電圧工学	植松唯孝・松原孝夫・箕田史志 共著	216	2800円

定価は本体価格+税です。
定価は変更されることがありますのでご了承下さい。

図書目録進呈◆